르코르뷔지에 미워

르코르뷔지에 미워

초판 1쇄 펴낸날 2021년 12월 20일
지은이 요시다 켄스케
그림 이와나베 카오루
옮긴이 강영조
펴낸이 이상희
펴낸곳 도서출판 집
디자인 조하늘

출판등록 2013년 5월 7일
주소 서울 종로구 사직로8길 15-2 4층
전화 02-6052-7013
팩스 02-6499-3049
이메일 zippub@naver.com

ISBN 979-11-88679-13-3 03540

14 정암총서

르코르뷔지에 미워

요시다 켄스케 지음

이와나베 카오루 그림

강영조 옮김

- 역자주의 일본인명 해설은 특별한 언급이 없는 한 일본 위키피디아를 인용했다.
  일본인 외의 인명, 지명 해설은 네이버 지식백과를 인용했다.
- 일본인명은 성과 이름을 한 단어로 취급해 성의 첫 글자는 연음으로 표기하고
  이름은 격음을 그대로 표기했다.

옮긴이의 말

이 책은 일본의 건축가 요시다 켄스케吉田研介, 1938~의 "コルビュジェぎらい"를 한국어로 옮긴 것입니다. 책 제목을 우리말로 옮기면 "르코르뷔지에 싫어"가 됩니다. 저자는 1960년대에 대학을 졸업하고 건축 실무를 하면서 대학에서 학생들을 가르치기도 했습니다. 정년 퇴임 후 20년 가까이 지난 지금도 건축사무실을 운영하고 있습니다. 주택 건축 전문가로 건축 교과서, 건축평론 등 다양한 분야의 저서가 있습니다. 그런데 이 책처럼 장난기 가득한 책은 처음입니다.

1938년생인 저자는 이 책을 2020년에 발간했습니다. 그의 나이 만 82세 때입니다. '임금님 귀는 당나귀 귀다'라고 대나무밭에서 소리쳤던 것처럼 혼자만 알고 있던 비밀을 말년에 저잣거리에 나와 "르코르뷔지에 싫어! 싫다구!" 소리치는 것처럼 보입니다.

재밌는 책입니다. 근대 건축의 3대 거장 중 한 명으로 꼽히는 르코르뷔지에가 하는 짓이 못마땅해서 미주알고주알 '씹는' 글입니다. 르코르뷔지에가 이 책을 읽을 리 없으니 맘 놓고 씹어댄 글입니다. 맥주잔을 앞에 놓고 킬킬거리며 뒷담화하는 기분이 드는 책입니다. 뒷담화를 할 때 누가 먼저랄 것도 없이 '그래! 맞아맞아!' 하며 맞장구를 칠 때 공범의식이 생겨나 급하게 친해지는 것처럼, 이 글을 읽고 나면 일면식도 없는 저자와 친해진 느낌도 듭니다.

일본에서 르코르뷔지에는 매우 인기 있는 건축가입니다. 르코르뷔지에라는 이름이라도 표지에 쓰여 있으면 잡지의 판매량이 다르다고 합니다. 르코르뷔지에가 일본의 모더니즘 건축에 미친 영향은 매우 큽니다. 이 책에도 나오는 마에카와 쿠니오前川國男, 사카쿠라 준조坂倉準三, 요시자카 타카마사吉阪隆正는 르코르뷔지에 사무실에서 건축을 배워 일본 모더니즘 건축의 기반을 세운 건축가입니다. 현대 일본 건축의 거장 단게 켄조丹下健三도 모듈러, 필로티 등 르코르뷔지에의 건축 이론의 영향을 많이 받았습니다. 그러니까 일본의 건축에는 르코르뷔지에의 그림자가 짙게 드리워져 있습니다.

이 책의 저자 요시다 씨는 일본 건축계에서 르코르뷔지에가 신성불가침한 존재라고 합니다. 여태껏 르코르뷔지에를 비판한 연구논문이나 평론이 발표된 것을 거의 본 적이 없다고 합니다. 물론 사적인 자리에서도 누구 하나 그를 비판하거나 잘못된 점을 지적하는 건축 관계자도 없다고 합니다. 안 듣는 데서는 임금님 욕도 한다는데.

저자는 르코르뷔지에의 건축을 꼼꼼하게 들여다보면서 건축사에 남을 건축 이론으로 만들어진 주택이, 실은 그곳에 사는 사람에게는 매우 불편해 집을 개조하거나 심지어 그 집에서 나와 버렸다는 사실, 자신도 지키지 않는 모듈러 이론이 건물을 건축으로 만들어 주는 전가의 보도라고 한다거나 건축의 형태미를 설명한다는 규준선의 원칙 없는 작도법, 심지어 심사위원에게 계획안을 슬그머니 보여주는 부분에서는 세계적인 건축가라고 칭송받기에는 턱없이 모자란 모사꾼의 모습을 보았다고 합니다. 이런 자를 건축의 거장으로 칭송하고 또 건축계에서는 그가 만든 건축을 세계유산으로 등록해 문화재로 치켜세우고 있다니, 뭔가 잘못되었다고 여긴 것입니다.

저자가 "르코르뷔지에 싫어" 책을 준비하고 있다고 하자 그 얘기를 들은 사람들은 하나같이 '뭐 하는 짓이야' 하면서 상대도 안 해 주었다고 합니다. 그런데 출판이 되고 나서는 "알고는 있었지만 말을 못했다. 잘했어."라고 하더랍니다. 일본에서는 르코르뷔지에를 거장으로 가르치고 있어서 부정적으로 보는 것은 생각할 수 없고 건축 관련 서적은 매우 추상적이어서 이 책과 같이 가볍게 읽을 수 있는 글은 출판 시장에서 꺼리는 분위기가 있다고 합니다. 이건 우리나라도 마찬가지입니다. 쉬운 글로 저명한 건축을 소개하는 책이 최근 많이 발간되었지만 이 책과 같이 건축가의 이면을 경쾌하게 서술한 것은 보기 어려웠습니다.

르코르뷔지에의 저열한 부분을 뒷담화처럼 얘기하고 일부러 한 꼭지를 추가해 자기 자신의 건축가로서의 삶과 건축철학을 얘기합니다. 건축이란 행위는 이론이나 사상을 담기 위해 집을 만드는 것이 아니라 그 집에 사는 사람의 행복을 위한 것이라는 점을 말하고 있습니다. 이것은 저자가 이론과 사상이 앞선 르코르뷔지에의 건축을 싫어하는 이유이기도 합니다. 그렇기는 해도 이런 얘기는 다른 건축 책에서도 쉽게 들을 수 있는 것입니다.

이 책은 르코르뷔지에 전문 연구자가 아니면 쉽게 접하기 힘든 내용으로 가득 차 있습니다. 건축 교과서나 전문 잡지의 평론, 논문 등으로는 알려지지 않았던 르코르뷔지에의 건축 이론이나 인간 르코르뷔지에를 이해하는 데 매우 도움이 될 것입니다. 역사도 정사보다는 야사가 재밌지 않습니까.

건축을 배우려는 학생들, 건축에 관심 있어서 건축 기행이나 건축 강좌에 얼굴을 내미는 분들은 이 책으로 르코르뷔지에에 입문하면 좋을 듯합니다. 그런데 모듈러, 규준선, 무한성장미술관, 위니테 다비타시옹의 복층거실 등 그의 건축 이론에 매료된 건축전공자 중 몇 분은 어쩌면 이 책을 읽고 나서 지금까지 좋아하고 있던 르코르뷔지에와 결별하게 될지도 모르겠습니다. 그게 두려운 분들은 이 책에서 멀어지기 바랍니다.

옮긴이로서 독자 여러분이 '르코르뷔지에가 싫다'는 이 책을 다 읽은 후 책장을 덮을 땐 이미 그를 좋아하고 있기를 기대합니다.

"르코르뷔지에! 미워 죽겠어. 증~말! ㅋㅋ."

마지막으로 이 책의 출판을 허락해준 도서출판 집의 이상희 대표에게 감사드립니다. 어색한 번역투의 문장을 잘 고쳐주셨습니다. 덕분에 읽기 쉬운 책이 되었습니다.

2021년 9월 가을 하늘이 아름다운 날

강 영 조

들어가면서

"얼른 경매에 부쳐서 어린이 놀이터로 바꾸어버려."

우에노공원上野公園에 국립서양미술관이 지어져 기대감으로 들떠있을 때 나온 이 미술관에 대한 평론의 부제다.

미술관의 설계자는 알다시피 르코르뷔지에이다.

이런 점잖지 못한 분노의 논문을 쓴 것은 도쿄대학의 오기소 사다아키小木曽定彰* 교수인데 건축 전문지 《건축문화建築文化》(1960년 1월호)에 발표했다. 그는 조명 전문가다.

르코르뷔지에의 세 제자는 르코르뷔지에가 보낸 석 장의 기본설계도로 실시설계를 진행하면서 오기소 교수에게 공식 자문 의뢰를 했다. 그런데 오기소 교수가 르코르뷔지에의 도면을 보니 너무 엉망이어서 놀랐다고 한다.

"채광 면에서는 초보자 수준의 유치한 도면"이라서 어이가 없어 르코르뷔지에에게 수정 권고를 보내라고 조언했다. 문부대

---

* 오기소 사다아키(小木曽定彰, 1913~1981). 일본의 건축가, 건축학자. 건축계획원론이 소리, 빛, 열, 공기, 색 등으로 전문 분화해 가는 과정에서 최초의 전문학자로 손꼽는다. 일조와 조명 분야에서 착수한 연구는 그 후 거주환경 전반으로 확대, 오늘날 건축환경공학의 기초가 되었다.

신*이 보내는 정식 문서로 프랑스에 있는 르코르뷔지에에게 보냈다.

답장은 없었다.

세 제자는 하는 수 없이 르코르뷔지에의 도면대로 실시설계를 진행할 수밖에 없었다. 그런데 수개월 뒤 도면이 완성될 무렵 겨우 도착한 답장에는 이렇게 쓰여 있었다.

"아무것도 수정할 필요 없음."

오기소 교수는 "채광과 조명에 관해서 도를 넘는 무지, 거기에다 시치미를 떼고 부끄러워하지 않는 오만한 태도의 르코르뷔지에"라고 노발대발.

하지만 건축은 그대로 완공되었다.

화를 삭이지 못한 오기소 교수는 완공하고 나서 반년 후, 드디어 앞에서 말한 그 부제를 붙여 분노와 비판의 평론 〈국립 서양미술관의 채광 및 조명에 관하여〉를 썼다.

평론에서 그는 이렇게 말하고 있다.

"미술관은 회화와 조각을 잘 보이게 하고, 음악당은 음악이 잘 들리도록, 체육관은 운동경기를 하기 쉽게 만들어야 하는 것은 천하의 상식이어서 따로 말할 것도 없다."

---

* 문부대신(文部大臣). 문부성은 교육과 문화정책을 담당한다. 영어로 'Ministry of Education, Science and Culture'로 표기한다. 국립미술관을 관할하는 곳이 문부성이다. 세 제자 대신 문부대신이 문부성의 장으로서 르코르뷔지에게 공식적인 질의를 하는 형식을 취했다. 국가기관이 수정을 요구하는 것이라는 권위를 내세우고 싶었던 것으로 보인다.

예상했던 대로 완공되고 일반 공개가 시작되자 기본적인 성능의 문제로 전문가의 기술적인 의견이지만 신문 기사는 악평 일색이었다.

유리 액자 속에 들어 있는 그림과 번들거리고 있는 유화는 거울 작용으로 광선을 반사하거나 관람자의 모습이 유리에 비치게 되어 눈에 거슬린다거나 어둡다고 하고…. 조명 말고도 천장이 낮다, 미술관의 성능을 다하지 못한다고 하는 등 처참한 반응이었다.

그런 중에도 사람들은 '19세기 홀'⁂이라고 부르는 중앙 홀은 지금까지 경험하지 못했던 공간으로 보이드와 천창은 대단하다고 칭찬을 했다.

얘기는 다르지만 20세기 한중간에 만든 것인데 왜 '19세기 홀'인가?

실은 르코르뷔지에는 이 보이드 홀에 천장에서 바닥까지 내려오는 500㎡ 크기의 사진으로 만든 벽화를 구상하고 있었다. 이 벽화가 19세기 유럽의 영광을 기리는 것이라 그렇게 이름을 붙인 것이다. 여태껏 실현되지는 않았는데 미술관 측도 그럴 생각이 없는 듯하다.

필로티라는 것도 단게 켄조丹下健三가 일찌감치 르코르뷔지에를 흉내내 만들었으므로, 원조 필로티를 보고는 명불허전 과연

⁂ 원문에는 '19세기 대 홀'이라고 하지만 미술관 홈페이지에는 '19세기 홀'이라고 되어 있다.

르코르뷔지에의 필로티군 하고…. 일반인에게도 르코르뷔지에의 이름이 알려졌던 모양인지 건축가 르코르뷔지에는 화제의 인물이 되어 있었다.

르코르뷔지에는 이 미술관의 설계를 위해 일본에 단 한 번 왔을 뿐이다. 그런데 잡지 《문예춘추文藝春秋》에 화보로 소개되자 문화를 좀 안다는 사람들은 너도나도 르코르뷔지에 팬이 되고, 건축가라는 것에도 관심이 쏟아졌다.

텔레비전이 보급되기 전이라 《문예춘추》의 화보에서 본 르코르뷔지에는 두껍고 검은 테 안경과 나비넥타이라는 독특한 스타일로 모두에게 강한 인상을 남겼다. 칭찬과 비판으로 한동안 떠들썩했던 것이 떠오른다.

실은 나도 고등학교 때 《문예춘추》의 화보를 보고 건축가가 되려고 맘먹었다.

대학에 입학했을 때 마침 그 소용돌이에 제대로 말려 들어가 수업 과제로도 하고 친구들과 밤낮 토론했던 것이 기억난다.

왜 르코르뷔지에라는 건축가는 성능에 문제가 있는 미술관을 설계한 것일까?

그러나 그 후 '건축은 성능이 제일 중요한가?'라는 단순한 주제도 흐지부지, 애매하게 두면서 나는 설계의 세계로 들어갔다.

얼마 안 되어 비판이 쏙 들어가고(해소된 것은 아니지만) 특별전이 열릴 때마다 우에노공원에 긴 줄이 이어졌다. 관람객 수도 늘어났다.

건축의 불가사의한 부분이다.

르코르뷔지에, 1887~1965

르코르뷔지에는 화제작을 연이어 발표하고 실제로 건축된 것도 많아져서 '현대 건축의 거장'으로서 특별한 존재가 되어가고 있었다. 그것은 나로서도 건축계로서도 서로 좋은 일이었다. 건축 관련 잡지는 표지에 르코르뷔지에 이름이라도 내걸면 더 많이 팔린다고 할 정도였다.

오랜만에 르코르뷔지에 이름이 사람들 사이에서 오르내리게 되었다. 2006년에 '세계유산'으로 등록된 것이다. 세계 각지에 있는 르코르뷔지에 작품 17건이 세계유산으로 등록되었는데 '국립서양미술관'이 포함된 것이다.

다시 우에노공원이 소란스러워졌다.

건축가와 평론가, 건축사 연구자는 지어질 당시에 비해 언론에 훨씬 많이 등장했다. 그들은 르코르뷔지에의 건축을 해설하고 높이 치켜세웠다. 근데 그들이 치켜세우려는 부분이 아무리 해도 납득하기 어려웠다.

번지수를 잘못 짚고 떠들어댄다고나 할까. "거장이라지만 이건 아니잖아." "명품화해서 어쩌자는 걸까."라고 소리 지르고 싶을 정도로 치켜세우는 것이다.

음악가나 화가의 세계에서도 이러는 것일까? 변호사나 의사의 세계에서도 '거장'이라고 부르는 사람이 있는지 모르겠지만 이렇게 다짜고짜 치켜세워도 되는 것일까.

오랜만에 오기소 교수의 논문이 생각나 다시 읽어보았다. 그랬더니 기묘한 한 구절에 눈이 멎었다.

수정 권고 편지에 대해 되돌아온 대답 "아무런 수정이 필요 없음." 다음에 또 있었다. "나는 이런 유형의 미술관을 이미 세계 각지에서 실시하고 있지만 여태까지 어떤 클레임도 받고 있지 않음"이라고 쓰여 있었다.

오기소 교수는 엄청 화가 났을 것이다. 찾아보니 르코르뷔지에 미술관이 인도에만 있다는 것을 알고는 "인도라면 클레임도 없을 걸 하면서 웃었다."라고 쓰여 있다. 요즈음이라면 문제가 될 발언이지만 엄청 화가 나 있었을 것이다(더구나 이때 실제로는 아직 공사 중이라 완공되기 전이었다). 근데 르코르뷔지에는 왜 그런 거짓말을 했을까.

내 흥미를 끄는 것은 르코르뷔지에의 건축에 성능적으로 결함이 있나 없나가 아니라 르코르뷔지에의 오만한 자세와 똥배짱이다. "아무 일도 없었다는 듯 부끄러워하지 않는 오만한 태도"가 흥미를 끈다.

둔감력이라고 할지도 모르겠지만 아마 그도 느끼고 있었을 것이다. 오기소 교수의 수정 의뢰의 논리적 도해를 이해하지 못했을 리 없다. 오히려 부끄러움이나 잘못된 것을 알고 나서도 그것을 누르는 힘과 그것을 없었던 일로 해버릴 정도의 말발이 그를 압도하는 것일 터이다. 그것이 밖으로 드러나면 오만이 되고 그 엄청난 힘이 똥배짱이 되는 것이다.

그렇다고 해도 '오만'이라든가 '똥배짱'이라는 것은 좀 그렇다. 그래서 '강인한 정신력'과 '아무 일도 없었다는 듯 눙치는 힘'이라고 바꾸어도 봤지만 꼭맞는 말이 아니었다. 그의 건축에 관한 언행을 조사하면서 '오만'과 '똥배짱'을 그대로 두기로 했다.

그의 그런 분위기에 휩쓸려 버린 것일까. 하나부터 끝까지 있는 것 없는 것 모두 그럴싸하게 해설하고 치켜세우는 건축전문가들을 이해할 수 없다….

그래서 "무엇을 하든 어떻게 해서라도 결과가 제일 중요한가?"하고 물어보지 않을 수 없게 되었다. "결과가 제일 중요한가?" 이 물음은 실은 편리한 대로 잘 이용하고 때로는 얼버무리면서 오랫동안 건축이 짊어지는 명제가 되었다.

본문에서 상세하게 말하겠지만 건축주가 격노해 내팽개친 주택이라고 해도 건축계에서 '좋은 건축'이라고 인정하면 문화재로도 지정된다…. 건축의 오묘함이라고밖에 할 말이 없다.

이것이 이 책을 쓰게 한 동기다.

차례

1

국립서양미술관

르코르뷔지에가 보내준 기본설계 도면은
고작 석 장인데, 더구나 도면에는 치수선이
전혀 없었다고 한다.

증축하지 않는데도 '무한 성장하는 미술관'이라고?

문제가 너무 많지 않아?

'이래도 되나?' 반신반의하는 문제에 '국립서양미술관'의 유네스코 세계유산 등록이 있다.

동시에 전문가들의 호들갑도 신경이 쓰인다. 그건 그렇다고 해도, 평가 내용이 거슬린다. 정말 그렇게 훌륭한가.

왜냐면 르코르뷔지에 작품으로서 이 미술관에는 몇 가지 의문점이 있으니까. 나는 이것들이 충분히 중요한 마이너스 포인트라고 생각하는데, 당당하게 좋은 평가를 하는 건축가와 평론가들은 전혀 그렇게 생각하지 않는 것인지. 알 수 없는 일이다.

우에노의 상점가에서 기뻐하는 것은 알겠지만
전문가가 호들갑을 떠는 것은 아무래도…

그들은 "물 들어올 때 노 저어라. 건축가라고 꼭 이래야 된다는 것이 특별히 있는 것도 아니다. 사람들이 와글와글 모여드는 것은 거기에 뭔가 있기 때문이다."라고 생각하고 있는 것일까.

등록이 결정된 때 전문가(대개는 건축사 연구자)들은 텔레비전과 신문의 인터뷰 요청을 받고 마이너스 포인트의 문제에 대해서는 건드리지 않고 르코르뷔지에다운 뛰어난 작품이라면서 그럴싸하게 해설하고 있었다.

그러니 세상 사람들로서는 그런가 보다 하면서 뭐가 제대로 된 것인지는 몰라도 유산으로 지정된 기쁨으로 들썩이고 있었던 것이다.

의문 1: 성장하지 않는 '무한으로 성장하는 미술관'?

국립서양미술관은 르코르뷔지에가 구상한 '무한 성장 미술관'의 귀중한 실제 사례 중 하나라고 해설하고 있다. 어떤 해설자라도 먼저 그렇게 말한다.

보통 그렇게 말하면, 이 미술관은 무한으로 성장할 수 있는, 그러니까 한정 없이 증축해 가는 건축 혹은 그런 시스템을 지니고 있을 것이라고 생각할 것이다. 정말 그런가?

세계유산에 등록된 것을 계기로 잡지와 텔레비전에서 특집으로 보도하고 있었는데, 그 가운데 'JR동일본'에서 출판하고 있는 《어른들의 휴일 클럽大人の休日倶楽部》(2018년 4월)이라는 일반인 대상 책의 특집이 있다.

〈특집: 도쿄도東京都 가나가와현神奈川県 사이타마현埼玉県 '르코

실시설계 감리를 담당한 3인의 제자

르뷔지에와 3인의 제자들'〉이다.

'3인'이란 마에카와 쿠니오前川国男, 사카쿠라 준조坂倉準三, 요시자카 타카마사吉阪隆正이다.

이 세 지역과 세 사람은 그들의 대표작과 관련이 있고 아울러 이 세 사람이 거론된 것은 세 사람 모두 르코르뷔지에에게 직접 배운 제자로 국립서양미술관의 실시설계와 감리를 담당했기 때문이다.

이 책의 특집에서 취재 해설은 나카우사 유리仲宇佐ゆり라는 분이 알기 쉽게 설명하고 있다. 이 설명을 따라가 보자.

먼저 건축사 연구자로 세계유산 등록에 진력했다는 야마나 요시유키山名善之 교수의 말을 인용하면서 이렇게 소개하고 있다.

"르코르뷔지에는 공동주택과 양산 주택에서도 프로토타입(표준형)을 먼저 탐구하고, 다음에 개개의 건축 설계에 들어간 것이 많이 있었다. 미술관의 표준형으로 고안한 것이 '무한 성장 미술관'입니다. 실현된 것은 여기를 포함해서 세계에서 세 곳뿐입니다."라고 한다.

이건 무슨 얘긴가 하면 르코르뷔지에가 미술관을 설계할 때 나사조개처럼 바깥으로 소용돌이를 그리면서 발전(증축)해 가는 형태(시스템)를 고안하고 실제로 건축했는데 그것을 우에노공원에서 실현했다는 것이다.

르코르뷔지에는 이 고안을 기반으로 한 계획안을 여러 개 발표하고 있는데 실현된 것은 우에노공원 외에는 두 개뿐. 둘 다 인도에 있는데, 하나는 아메다바드Ahmedabad, 또 하나는 찬디가르

Chandígarh에 건축되었다.

하지만 이 아이디어에 따라 실현은 되지 않았지만 계획되어 있었던 것은, 평면도를 보면 확실하게 소용돌이를 그리며, 거기에다 빙글빙글 몇 번이고 소용돌이를 그리며 마지막에는 나사조개처럼 입을 벌린 채 어중간하게 끝나고 있다. 다음에는 이곳을 연장해 증축하는 것이라는 점이 명쾌하게 형태에 나타나 있다.

이렇다면 '무한 성장 미술관'이라고 해도 납득할 수 있다.

하지만 어느 것 하나 실현되지 않았다.

그런데 우에노공원의 국립서양미술관은 그림을 보면 4열의 천창이 한 방향으로 회전하고 있는 것처럼 보이기는 하지만 아무리 봐도 소용돌이라고는 할 수 없다. 그러니까 소용돌이를 그리

면서 바깥으로 성장하는 모양이 아니다. 그것은 '만卍' 혹은 장난감 풍차 모양으로 완결하고 있다.

이것은 야마나山名 씨도 지적하고 있고 워낙 르코르뷔지에 자신이 천창의 '만卍'자 배치는 의도하고 있었다고 한다. 그러나 '만卍'은 '무한 성장'의 모양이 아니다. 균형 잡힌 완결형이다.

미술관 내부의 배치를 봐도 소용돌이가 아니다. 도저히 나사조개의 소용돌이라고 할 수 없다. 내부의 전시를 보면서 걸어봐도, 이것이 소용돌이를 그리고 있다고 느끼는 사람이 있을까 싶다. 무리해서 소용돌이라고 읽어낸다고 해도, 어디가 다음에 증축(성장)을 하는 곳인지, 그런 형태가 보이지 않는다. 역시 '만卍'이라는 것이 맞는 말이다.

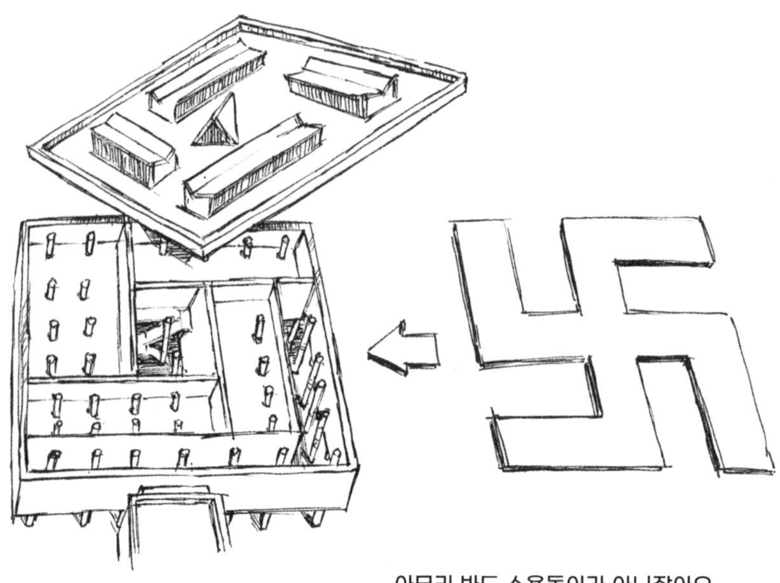

아무리 봐도 소용돌이가 아니잖아요.
'만卍'이잖나?

그것은 사면의 외벽에 나타나 있다.

사면의 외벽을 보면 (소용돌이가 아니므로) 소용돌이의 흐름과는 무관한 곳에 구멍이 네 군데 뚫려 있는 것처럼 되어 있다. 거기만 다른 외벽처럼 돌로 채워진 패널이 아니고 마감이 다르다. '만卍'이라면 이 위치도 설명이 된다. 어쩌면 이 구멍에서 아무 데라도 증축해 나가라는 말일지도?

그렇다면 보통 건물을 증축하는 것과 다르지 않지 않은가. 나사조개의 성장과는 아무런 관계가 없는 듯하다.

작품집에는 달팽이 그림을 그려놓고 '무한 성장'의 아이디어가 설명되어 있는데, 적어도 이 국립서양미술관과 연결하는 것은 아무래도 위화감이 든다. '만卍'과 달팽이는 어디를 봐서도 연결되지 않는다.

JR동일본에서 출간한 《어른들의 휴일 클럽》의 해설에는 이렇게 쓰여 있다.

"부지 문제도 있고 해서 실현은 되지 않았지만 소장품이 늘어날 때마다 전시실을 소용돌이 모양으로 바깥으로 증축해서 미술관은 무한으로 성장한다는 구상이었다."

그렇게 태연하게 말하면 곤란한데….

그 구상은 이 미술관의 '알짜배기'가 아니었던가.

나는 '실현하지 않은 구상'은 문제가 아니라고 생각한다.

왜 '구상'이 '실현은 되지 않았다'인가?

그것이 실현되지 않은 이유를 몇 가지 생각할 수 있다.

일본정부가 (국유지였으므로) 그 구상을 거절이라도 하듯이 주위의 부지를 사용하지 못하게 훼방을 놓고 있는 것일까?*

아니면 르코르뷔지에에게 부지의 조건을 설명하지 않았던 것일까?

그것도 아니라면 르코르뷔지에는 양해했지만 이 시스템을 우선 제시해보자 하고 편하게 생각한 것일까?…

---

* 이 책의 저자 요시다 켄스케는 주위 부지의 훼방을 이렇게 설명한다. "정면에서 오른쪽(남서쪽)은 미술관과 무관한 건물을 미술관에 바싹 붙여서 짓고(용도불명), 더구나 나무를 심어 미술관의 증축을 가로막고 있다. 뒷면(북쪽)은 다른 국립박물관이 서 있다. 더구나 그 사이에는 혹처럼 창고를 증축하고 있다. 다시 말해서 무한으로 증축할 수 없게 되어 있다."

아냐 그렇지는 않다. 이 미술관은 르코르뷔지에 스스로가 '나사조개'로 하려고 한 것이 아니었던 것은 아닐까.

르코르뷔지에가 30년 전부터 '나사조개'처럼 무한 성장하는 미술관을 구상한 것은 사실이지만 실제로 해보니 그리 간단하지는 않아서, 여기서 그것을 하려고 실은 생각하고 있지 않았다. 그 증거로 르코르뷔지에가 보내준 기본설계도면에는 좌우 양쪽(양날개)에 강당, 도서관, 귀빈실이 상자모양을 하고 튀어나와 붙어 있다.*

다시 말해서 지금처럼 단순한 정방형이 아니었던 것이다. 몇 번이고 다시 봐도 성장(증축)할 수가 없다. 덧붙이면 이 좌우 양쪽의 '상자'는 당초의 예산을 훌쩍 넘는 것으로 실시설계를 담당한 일본의 건축가 세 사람은 할 수 없이 삭감해버렸다. 일류 건축가의 예산 초과는 예나 지금이나 동서고금 마찬가지인 듯하다.

---

* 르코르뷔지에가 보내온 모형 사진을 보면 미술관 좌우에 강당과 도서관, 귀빈실과 방문객 휴게소의 상자가 붙어 있다. 저자는 이 상자들을 계획한 것은 르코르뷔지에가 이 미술관에서 장차 무한 성장 증축을 의도하지 않았다는 것을 보여준다고 주장한다. 이 상자들은 예산 문제로 건축되지 않았다.

보다 더 문제가 되는 것은 구상 자체가 유효한 것이 아니었다?

실은 건축가의 구상이 대단한 관심을 모으며 호평을 받고 한 시대를 풍미했다고 해도 좋을 정도로 떠들썩했지만 그대로 실행되지 못한 쓴 경험을 우리는 기억하고 있다.

1960년에 젊은 건축가들이 쏘아올린 '메타볼리즘 사상'이라는 운동이 있었다. 구로카와 키쇼黒川紀章**와 기쿠타케 키요노리菊竹清訓***가 중심이었다. 메타볼리즘은 "건축은 신진대사다"라고 주장하면서 생물체와 같이 오래된 부분을 새로운 것으로 교체하면서 살아간다는 구상인데, 실제로 그들이 만든 건축은 대부분 오래된 부분을 교체하는 일 없이 사라져 갔다. 지금 마지막으로 하나 남아 있는 도쿄의 신바시新橋에 서 있는 구로카와 키쇼의 '캡슐타워'가 있는데 그대로 낡아서 해체 위기에 처해 있다.

"건축은 신진대사다"라는 이론에 따라 건축한 것은 어느 것

** 구로카와 키쇼(黒川紀章, 1934~2007). 교토대학 건축과를 졸업한 후 도쿄대학 건축과 석사과정에 진학, 단게 켄조 연구실에 소속. 재학 중에 주식회사 구로카와 키쇼 건축도시설계사무소를 설립. 1959년에 건축이론 메타볼리즘을 제창. 사회의 변화와 인구 성장에 부합하는 유기적으로 성장하는 도시와 건축을 제안. 메타볼리즘에 기반을 둔 증축, 교체가 가능한 건축으로 나카긴(中銀) 캡슐타워(1972)가 있다.

*** 기쿠타케 키요노리(菊竹清訓, 1928~2011). 와세다대학 건축학과 재학 중인 1945년 구루메역사(久留米駅舎) 현상공모 1위 등 대학 재학 중 두각을 나타냄. 1960년대 후반부터 1970년대에 걸쳐 독자적인 디자인론인 '대사건축론', 구로카와 키쇼와 함께 메타볼리즘을 제창한다.

하나 지속되지 못했다. 그런 아픈 경험을 가지고 있다.

아무튼 '구상'이 실현되지 않은 것은 정치로 말하면, 공약을 내걸고 선거에서 승리한 정당이 정책을 실현할 수 없었다는 것과 닮았다. 건축가는 정치가가 아니라는 반론도 있겠지만, 프로파간다를 이용한다는 점에서 마찬가지 아닌가.

이 아이디어가 실현된 인도에 있는 두 개의 미술관도 반세기 이상 지났지만 무슨 이유에선지 소용돌이 증축은 하지 않은 모양이다. 국립서양미술관과는 달리 주위에 부지가 충분히 있는데도 말이다.

미술관에 '나사조개' 구상은 문제없는가?

나는 애초에 나사조개처럼 이 '무한 성장 미술관'을 증축한다는 구상 자체가 '아웃'이 아닌가 하고 말하고 싶다.

소장품(전시 작품)이 늘어나면 소용돌이 모양으로 바깥으로 증축한다는 것인데, 미술관으로서는 전시장이 늘어나면 거기에 따라 전혀 다른 기능의 소장시설도 늘어난다. 그리고 당연히 그 소장시설의 위치 문제도 생각해야 한다. 소용돌이 모양으로 함께 늘어날 리가 없다. 또 동시에 사무관리 분야가 늘어나서 인원도 많아진다. 이 미술관의 경우 애초에 19명이었다고 하는데 지금은 50명을 넘겼다. 집무 공간도 증축해야 한다.

이런 세심한 대응을 나사조개와 같이 단순한 성장 형태에서는 생각할 수가 없다. 다시 말해서 동질의 공간이 성장하는 것만으로 미술관의 성장에는 대응할 수 없는 것이다. 실은 국립서양미술관에서는 때때로 무한 성장이라는 성장(증축) 시스템과는 관계없이 증축이 이어졌다.

내방객의 증가에 따른 기능의 확장은 필로티 공간으로 번져 나올 수밖에 없게 되었다. 2열로 있던 필로티 스페이스는 1열이 되어 버렸다. 필로티를 줄이면서까지 기능을 증축해야만 했던 것이다. 르코르뷔지에는 그런 곳이 증축에 쓰일 줄은 생각지도 못하고 필로티 공간을 계획했을 것이다.

건축가가 자연계에서 힌트를 얻어 구상을 그리는 것은 흔한 일이다. 얇은 껍질이 강한 강도를 지니고 있는 대합 등 쌍갑류 조개에서 힌트를 얻어 '셸 구조'가 태어난 것은 잘 알려진 것인데, 힌트의 씨앗을 엉뚱한 데서 찾으면 '그림 속의 떡'으로 끝나고 만다.

요컨대 '그림 속의 떡'인데 전문가들이 호들갑을 떤 것은 아닌가?

의문 2: 올라가지 못하는 옥상

예찬 해설 중 많은 것은 이 미술관에는 르코르뷔지에의 '근대건축에서 중요한 다섯 가지 포인트(일본에서는 거창하게 '근대건축의 5원칙'이라고 한다)'가 있다고 한다.

JR동일본에서 출간한 《어른들의 휴일 클럽》에서 이렇게 설

오래되었다고 해체한다면
메타볼리즘이 아니잖아요….

나카긴(中銀) 캡슐타워. 설계: 구로카와 키쇼

명하고 있다.

"새로운 시대의 건축으로서 르코르뷔지에는 다섯 가지의 포인트를 들고 있다. 필로티, 옥상정원, 자유로운 평면, 자유로운 입면, 가로로 긴 창. 국립서양미술관에서는 가로로 긴 창을 제외한 네 가지가 실현되어 있다."

그럼 옥상에는 정원이 있는 것인가? 아니다 만들어져 있지 않다.

책의 해설은 "예전에는 옥상에 정원이 있었다."하고 슬쩍 귀띔하지만 왜 정원이 없어졌나? 어떤 이유인가, 거기에 대해서는 언급하지 않는다.

확실하게 해두려고 이 미술관이 완공되었을 때 발표된 건축 전문잡지 《신건축新建築》 1959년 7월호를 찾아보았다. 《신건축》에는 옥상의 평면도조차 없었다. 1층, 2층, 중간 3층은 있는데 옥상의 평면도가 없다.

르코르뷔지에의 《작품집 VOL. 7》에는 옥상 평면도가 있다.

거기에는 폭 2미터 정도의 단선으로 그려진 '화단'이 파라펫과 천창 사이에 한 사람이 겨우 지나다닐 정도만 남기고 길게 놓여 있다.

르코르뷔지에가 이 계획을 위해 일본에 보내준 모형 사진과 도면이 하나로 파일된 것이 있는데 거기에 천창은, 도면에서는 작품집과 같은 곳에 단선으로 장방형이 그려져 있지만 모형 사진에는 아무것도 없고, 그가 직접 그린 스케치에도 없다.

'빌라 사보아'(99쪽 참조)의 옥상에서 보여준 기백 한 쪼가리

국립서양미술관의 옥상에
'옥상정원' 을 만드는 제안
이와나베 카오루(岩辺薫) 안

도 없다?

그야 그럴 것이다. 건축가가 하는 말은 건축에 따라 모두 다른 것은 당연하다는 것일까?

옥상으로 오르는 계단은 일단 있기는 하지만 가장자리로 밀려나가 좁은 계단실이 천창 사이에 있다. 이 계단은 도중에 관장실과 비서실이 있는 공간을 지나서 오르는 것으로 아무리 봐도 손님을 정성껏 옥상으로 오르게 하려는 생각이 없었던 것은 아닐까 하고 의심하게 된다. 더구나 그 후의 옥상 사진에는 화단은 사라져 있다. 철거한 것이다.

르코르뷔지에의 '근대건축의 5원칙' 중 중요한 '옥상정원'은 없는 것이다. 아마 관리상의 문제로 미술관 측이 폐쇄한 뒤 사용하지 못하게 한 것일 터이다. 더구나 보지도 않을 화단은 필요 없다고 철거해버렸을 것이다. 찬사를 늘어놓고 응원하고 있는 건축가들은 이번의 세계유산 등록을 계기로 옥상 개방을 요구하고 등록 조건으로 했어야 하지는 않았을까. 그걸 하지 않고 옥상으로 올라가지도 못하는데 '근대건축의 5원칙'을 설명한다니, 일반 대중은 뭐가 뭔지 모를 것이다.

빌라 사보아가 폐가가 되어 허물어지려고 할 때 르코르뷔지에는 스스로 전 세계에 호소해 복원을 실행했다. 그걸로 생각해보면 옥상을 정원으로 하는 것은 못 할 것도 아니다. 천창은 이미 안 쓰고 있다. 그 부분을 재검토해서 세계문화유산에 상응하는 르코르뷔지에 건축으로 복원하면 어떨까. 뭐라고 해도 '5원칙' 중 하나를 눈을 질끈 감는 것은 건축가의 수치가 아닌가?

의문 3: 미리 지정되어 있는 '자유로운 입면'

우에노 상점가 상인들이 세계유산에 지정된 것을 다양한 방법으로 선전해 손님을 끌어모으려는 상술이라면 모를 바 아니지만 건축전문가들이 왜 이토록 무리하면서 칭찬해야 하는지 알 수가 없다.

앞에서도 썼지만 이 미술관에는 르코르뷔지에가 제안하고 주장한 이른바 '근대건축의 5원칙'이 네 개나 실현되어 있다고 말한다. '가로로 긴 창'만 없다고 한다. 그러면 '자유로운 입면'은 어떻게 되었나 묻고 싶다.

분명히 외벽은 주 골조에서 1미터 정도 캔틸레버로 내민 얇은 콘크리트 벽으로 되어 있다. 자유롭게 하려고 들면 구조를 해치지 않고 부술 수도 있다. 하지만 미리 위치가 지정되어 있고, 다른 곳에는 돌이 매립된 프리캐스트 판이 고정되어 있어서 나중에 아무 곳에서나 열 수 있도록 되어 있지 않다. 그러니 '자유로운 입면'이 아니지 않은가. 아니, 물론 '자유로운 입면'은 나중에 어떻게든 바꿀 수 있다는 의미는 아니지만 아무것도 없는 밋밋한 벽을 '자유로운 입면'이라고 해봐야 비전문가에게는 뭐가 뭔지 알 수가 없다. 그렇다면 '자유로운 입면'이 실현되었다고 무리를 해서 칭송할 것도 없지 않나 생각하는데.

의문 4: 르코르뷔지에의 필로티는 전 세계가 다 아는 필로티가 아니었나?

'필로티'도. 이렇게 해 버린 필로티를 무리해서 치켜세우려

르코르뷔지에의 필로티를 흉내낸 사례.
필로티 저쪽으로 돔이 보이게 하는 훌륭한 설계
히로시마평화공원. 설계: 단게 켄조

고 하고 있지는 않은가?

이 미술관이 만들어졌을 때는 이미 단게 켄조의 '가가와현香川県 청사'와 유라쿠초有楽町의 '도쿄도東京都 청사'(지금은 해체)가 완성되어 있었다. '히로시마 평화기념공원'의 진열관도 완성되어 있었다. 모두 훌륭한 필로티로 이미 실현되어 있었다.

필로티는 르코르뷔지에가 원조다. 그 후 근대건축에서 많은 영향을 받고 또 흉내도 냈다. 그래서 이 미술관의 필로티를 르코르뷔지에 자신이 설계한 "오리지널 필로티는 이겁니다."라고 하는 것은 르코르뷔지에에게 실례가 되는 것은 아닐까?

이 필로티는 애초에는 바깥쪽에 둥근 기둥이 2열 있었다. 그렇다면 필로티라고 해도 될지도 모르겠지만, 내부에서의 수요가 늘어나서 여기로 침식해와 현재는 유리로 둘러싸 실내 면적을 늘려 버렸다. 그러자 외측에 선 열주는 1열이 되어 버렸다. 이것을 "르코르뷔지에의 필로티입니다."라고 하려니 머뭇거리게 된다.

르코르뷔지에가 제창하는 필로티의 기본적인 정신 '대지의 개방'은 건물을 기둥으로 들어올려 대지를 비우는 것이다. 현실적으로 쓸모가 없다고나 할까, 무리하다고 할까? 아니면 이처럼 르코르뷔지에의 이상과 어긋나게 된 것에 대해 필로티를 무시하고 홀을 넓히려고 한 미술관 측에 책임을 돌려야 할까? 암튼 이것이 르코르뷔지에의 '필로티'다. 자신 있게 말할 수는 없다는 생각이다.

일반 대중에게는 르코르뷔지에의 뛰어난 것을 보여주어야 하지만 꺼림칙한 '르코르뷔지에 예찬'은 대충 그만둬야 하지 않을지…. 이런 식이면 그저 르코르뷔지에 브랜드를 날조해서 뭐라도 이용하고 있는 듯 여겨지는데.

진정이라면 '르코르뷔지에의 일련의 작품'으로서 세계유산에 지정되려고 할 때 "우리는 빠지겠습니다."라고 해야 했다고 생각한다. 덧붙이면 아메다바드의 미술관은 지정을 받지 못했고, 찬디가르의 미술관 갤러리도 연방지구로서 지정은 받았지만 단독으로는 지정을 받지 않았다.

르코르뷔지에는 공사가 시작되기 전에 일본에 단 한 번 왔을 뿐 그 후에도 오지 않았다고 한다. 그러나 이것은 유명 건축가에게는 드문 일이 아니다. 스타 건축가가 되면 세계 각지에 몇 십 개의 건축을 동시에 껴안고 있다(초일류가 되면 몇 백 개라고 한다).

한 사람이 다 돌아볼 수가 없다. 그러면서도 그 건축가의 '작품' 이라고 한다는 게… 건축의 불가사의한 부분이다.

- 마에카와 쿠니오前川国男, 1905~1986. 1928년 도쿄제국대학 건축학과 졸업. 졸업식 밤에 출국, 시베리아 철도로 파리 르코르뷔지에 사무소에 입소. 대표작은 도쿄 문화회관
- 사카쿠라 준조坂倉準三, 1901~1969. 1927년 도쿄제국대학 미술사학과 졸업. 1931년 마에카와 쿠니오의 소개로 르코르뷔지에 사무소에 입소. 대표작은 가나가와현립 근대미술관. 르코르뷔지에가 방일했을 때 이 미술관을 안내했다.
- 요시자카 타카마사吉阪隆正, 1917~1980. 1941년 와세다대학 건축학과 졸업. 1950년 국비로 프랑스 유학. 르코르뷔지에 사무소에서 와세다대학 교원인 채로 2년간 근무. 대표작은 대학 세미나 하우스
- 야마나 요시유키山名善之 지음, 《세계유산 르코르뷔지에 작품집》, TOTO출판, 2018

2

위니테 다비타시옹 마르세유

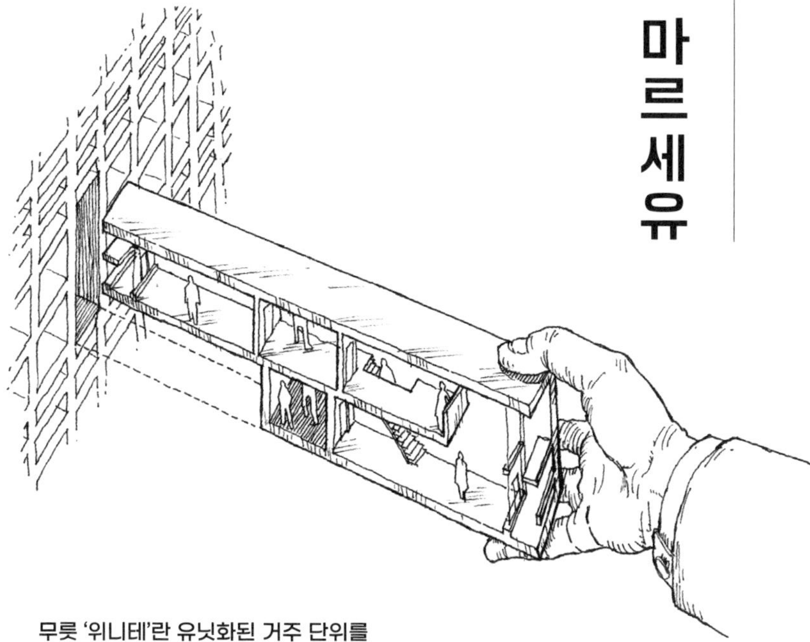

무릇 '위니테'란 유닛화된 거주 단위를
일컫는다. 거주 단위는 테라스와 복층거실이 있는
한 가족을 위한 주거공간이다. 여기에는 337가족의 위니테가
있고 모두 메조네트maisonnette 형식 다시 말해서 2층으로 되어 있다.

복층거실을 닫고
방을 넓었다?
그것도 전 세대에

돈을 내고서라도 보고 싶은 건축

2010년 무렵이었던가. 마르세유에 들를 기회가 있었는데 말할 것도 없이 마르세유의 '위니테 다비타시옹'으로 가서 묵어보기로 했다. 처음이다.

이 집은 르코르뷔지에가 1950년경에 세운 17층 맨션이다.* 당시 일본에는 '맨션'이라는 명칭이 없었다. 고층 아파트를 맨션이라고 하게 된 것은 그 후 몇 년 뒤였다. 그런데 건축계에서는

* 1945년 착공해 1952년 완공된 최초의 위니테 다비타시옹

이 건축이 발표되자 유니크한 형태의 기둥 필로티와 콘크리트 덩어리와 같은 박력에 “이거야말로 르코르뷔지에”하고 압도된 것은 물론이지만 7층과 8층에 상점가가 있고, 최상층은 호텔, 옥상에는 수영장과 유치원 시설이 있는 것도 놀라게 했고, 이것을 ‘수직의 도시’라고 하며 화제가 되었다.

추억이 있다. 학생 때, 1960년 무렵, 마르세유행 화물선을 일본 돈 9만 엔으로 탈 수 있다는 소문이 돌았다. 가면 르코르뷔지에의 위니테 다비타시옹을 볼 수 있으니, 가지고 있던 돈에다 제대로 맘먹고 변통해 보았지만 손에 닿을 액수는 아니었다. 당시 주 1회의 가정교사가 월 2~3,000엔 받으면 잘 받는 편, 그런 시대였으니까.

하지만 만약 갔더라면….

이 나이가 되어 처음으로 마르세유에서, 건축 앞에 서서 올려다보았을 때, 지구상에서 멸종했다던 공룡과 맞닥뜨린 듯한 흥분을 지금도 기억하고 있다. 젊은 시절이었다면 일본으로 돌아가지 않았을 거야 하는 생각이 들 정도였다.

이번에 마르세유 일정이 결정되었으므로 마르세유의 위니테 다비타시옹에 있는 호텔 르코르뷔지에를 일본에서 예약하고, 바다 쪽 방을 선택했다. 지중해가 보이는 것으로 유명하기 때문이다. 가기 전에 지인이, 호텔의 레스토랑에서 일했던 여성이 위니테 다비타시옹에 거주하고 있는 친구분을 소개해 주셔서 방 안을 본 적이 있다고 자랑스럽게 얘기해 주었다. 그럼 나도 그런 여성분을 만나서 부탁해볼까 했지만 그렇게 만나기는 쉽지 않다. 더구나 프랑스어는 전혀 못한다. 나머지는 운이다. 가보면 어떻게 되겠지 하고 가볍게 생각하고 출발했다.

최근 찾아보니 이 건물의 정보가 몇 가지 있었다. 관광안내소에 가면 견학 예약을 할 수 있는 모양이다. 견학료까지 10유로라고 쓰여 있었다. 당시(2010년 무렵)는 그런 정보가 없었다.

운이 좋으면 집 안을 보여줄 여성분과 만날 수 있으니 도착하거든 레스토랑부터 찾으려고 생각했다. 호텔의 프런트는 레스토랑 계산대 정도로 규모도 작고 가정적인 분위기였다. 거기서 체크인을 하고 있자니 옆에 있던 중년 여성이 직업란에 내가 '건축가'라고 쓰는 것을 보고는 말을 걸어왔다.

"내 친구가 여기에 살고 있으니 괜찮다면 보여 달라고 교섭해 드릴게요."

프랑스 억양의 영어지만 의미를 알 수 있었다.

뭐야, 이 아줌마였어, 하고 맥이 풀렸지만.

"물론 부탁드려요."라면서 엄청 행운인 듯한 얼굴을 해보였다.

"그럼 5시에 여기에 오세요. 근데 사례금으로 한 사람당 20유로 준비하시고요."

"위, 마담!"

10유로였던가 20유로였던가는 잊어버렸는데 암튼 그 정도로 안을 볼 수 있다면 봐 두는 것이 당연히 좋은 거라는 생각이 드는 정도의 액수였다.

요컨대 이 아줌마 여기 사는 친구와 짜고 용돈 벌이를 하는

공룡 위니테 다비타시옹

거구나 생각했다. 건축가는 누구나 돈을 내서라도 보고 싶어 하는 것을 아는 것이다. 저녁 때 지정된 시간에 프런트에 가니 일본인 젊은 남녀도 기다리고 있었다. 그리고 함께 ○○호실로 가라고 한다. 늘 하던 솜씨다. 완전히 털린 느낌이다.

"돈을 가지고 왔는데…."

"내게 주는 게 아녜요. 저쪽 마담에게 사례하는 겁니다. 난 필요 없어요!"라고 오버 제스처로 거절했다.

"증마알?! 나중에 둘이 나눌 거면서"라고는 하지 않고,

"위, 마담, 메르시 보꾸-"라면서 ○○호실로 갔다.

말한 대로 ○○호실의 문을 노크했다. 이미 얘기가 오고갔을 터이다. 상냥하게 맞아주고는 뭐라뭐라 프랑스어로 말하기 시작했다. 전혀 알 수 없는데, 요컨대 환대를 받는 듯 하기도 하고 자유롭게 봐도 좋다고 하는 것 같기도 했다. 그러면서도 앞서서 안으로 이끌어 주었다.

들어가서 바로 어디가 방인지 확인하지도 않고, 말하는 대로 마담을 따라 좁고 긴 계단을 올라가서 아이들 방으로 들어갔다. 남자아이가 뭔가 하고 있었는데, 반쯤 무시하고 있는 듯했다. 자주 있는 일이었을 것이다.

"헬로." 정도 말을 걸어도 좋았을 텐데 프랑스말로 대답하면 곤란해져서 이쪽도 고개를 끄덕이는 정도로 무시. 다만 이 방 폭이 좁은 것은 도면으로 공부를 했으니, 실감하려고 잘 관찰하고 사진도 마구 찍었다. 아, 아이들의 특히 남자아이의 방은 어느 나라나 마찬가지일 거다. 특별히 유니크한 것도 없고 그저 난잡하

게 어질러져 있었다.

마담은 침실도 보여주었다. 들여다보니 그저 그런 방이었고, 특별히 청소를 한 흔적도 없어서 안에는 들어가지 않고 방문 앞에서 둘러보고는 "메르시-" 합창.

복층거실이 없다

다시 계단을 내려와 아까 지나쳤던 방으로 되돌아왔다.

여기는 거실이구나 하고 수긍하다가 "앗!" 하는 생각이 들었다. 방금 본 침실은 그냥 방이었어. 젊은이 둘은 뭔가 이상하다고 여겼는지 수군거리고 있다. 거실로 되돌아와서 이상한 점을 알아차렸다.

복층거실이 없다는 것이다.

이 바다 쪽 거실의 창문 반은 천장이 없어야 하는 것이다. 아까 그 침실도 바닥이 창까지 깔려 있었다. 아래 거실로 뚫려 있지 않았다. 역시 긴장하고 있었던 것일까. 못 보고 지나친 것이다. 볼썽사나워.

젊은이 둘은 그걸 얘기하고 있다.

"역시 침실의 바닥을 연장해버렸네요. 여기에 천장이 있으면 안 되거든요."라면서 두 젊은이에게 얘기를 하자 마담이 눈치를 챘는지,

"그래요, 여기는 천장이 없었는데 침실이 좁고 불편해서 바

"일부러 만든 복층거실을 없애고 방을 만들면 안돼!"
"농농, 넓어져서 편리해요!"

닥을 연장했어요. 넓어져서 엄청 편리해졌어요!"

라는 얘길 한 듯했다. 프랑스 말이었지만 제스처 오버였으니 뭘 말하는지 알 수 있었다.

— 편리라든가, 그런 문제가 아니라니까, 마담.

우리는 복층거실을 보러 왔다니까. 이런 거 보여주면서 돈 받아 가면 안돼—라고 하고 싶었지만 통할 리 없다. 거기에다 그 제스처로 알 수 있는 게 그녀로서는 바닥을 연장한 것이 자랑인 셈이다. 불편한 것을 개량하는 것은 당연한 일. 그렇다는 얘긴 르코르뷔지에의 복층거실은 그녀에게는 불편해서 필요 없는 것이었다는 말인가?

여기서 토론을 해봐야 끝이 날 일이 아니다. 얼른 돈을 내고는 되돌아가기로 했다.

근데 실제로 보고 느낀 인상으로서는 외관이나 필로티에서 감동했던 것은 어디 하나도 없었다. 유닛 안에는 그저 프랑스의 중류? 서민적인 일상이란 이런 것일 거라는 느낌만 남았다. 이렇다 할 것이 없는 방이었다. 바다 쪽 복층거실의 큰 창이 없으니 사진에서도 상상할 수 있는 평범한 방이었다.

역시 복층거실이 없는 공간에는 르코르뷔지에의 혼이 사라져버린 것일까.

호텔 방으로 돌아왔다. 여기는 워낙 복층거실이 없어서 평범한 방이다. 창으로 멀리 보이는 지중해를 빼고는. 욕실의 오래된 욕조와 변기, 세면기를 바라보면서 아마 이것은 건설 당시의 기구였을 것이지만, 그 기념성이나 역사를 소중하게 하는 캐릭터도 없어서 이틀 밤이나 지내고 싶다는 생각이 들지 않았다.

얘기는 다르지만 건축을 견학하러 가는 일은 자주 있는데, 이번처럼 1박 해보는 것은 잘한 일이었다. 실제로 그 건축을 이용해 보는 것은 그냥 견학 투어에 따라다니는 것과는 전혀 다르다. 이번에는 호텔에 붙어 있는 레스토랑에도 가봤고, 중간층의 가게도 돌아봤다. 물론 거주는 언감생심이지만 그냥 견학 투어를 따라 한 바퀴 돌아보는 것과는 전혀 다르다.

알바 알토*의 '핀란디아 홀'과 장 누벨**의 '루체른 문화센터'의 콘서트홀에서는 실제로 연주회를 맛보았다.

특히 루체른의 콘서트홀에서는 휴게 시간, 그 커다란 처마 아래에서 그것도 루체른 호수의 호반에 나와 샴페인을 마시고 예비종이 울리면 자리로 돌아온다. 티켓 확인 따위 없이, 정말이지 견학 투어로 돌아다니는 것과는 별세계다. 그리고 호수의 건너편 호텔에서 보는 40미터의 수평 처마도 여태까지 이상하게 여겼지만, 아름다운 산자락을 배경으로 하고 보니 이럴 수밖에 없다는 생각이 드는 모습이다.

이번의 위니테도 복층거실이 있었다면, 집 주인 아줌마에게 소파에 앉도록 허락받아서 잠시 시간을 보냈을 것이다. 복층거실

---

* 알바 알토(Alvar Aalto, 1898~1976). 핀란드 건축가, 산업디자이너. 지폐에 얼굴이 새겨질 정도로 국민의 사랑을 받는 건축가. 1930년대 실용주의 건축을 주도했다.

** 장 누벨(Jean Nouvel, 1945~). 프랑스 건축가. 파리 에콜 데보자르에서 건축을 공부함. 2008년 프리츠커상 수상

공간을 일상적인 감각으로 경험해보고 싶었기 때문이다.

전 세대의 복층거실이 사라졌다

다음날 돌아가기 전 한 번 더 위니테의 거주 공간 이외의 공간을 돌아보려고 생각했다. 엘리베이터를 탔다. 그러자 도중에 우연히 일본인 여성이 탔다.

"여기 살고 계십니까?"

"네, 몇 년 전에 이사 왔습니다."

어쩌면 이 여성의 집에는 복층거실이 남아 있지 않을까? 어제 견학한 집 얘기를 해보았다. 그러자 그 여성의 집도 이사했을 당시부터 이미 바닥이 깔려 있었다고 한다. 그녀도 예전에 복층거실이 있었다고는 알고 있었는데, 와보니 없었다고 했다. 그리고 자기가 아는 한, 아마도 여기는 모두 복층거실을 없애고 바닥을 깐 것은 아닐까, 그러니 아마도 볼 수 없을 것으로 생각한다고 알려 주었다.

완공되었을 때는 이 안에 "쇼핑센터가 만들어져 있고, 빵집, 술집, 약국, 어물전, 정육점, 우유가게, 과일가게, 채소가게가 들어서 있었으며, 나아가 세탁소, 약국, 이발소, 우체국까지 있었다."라고 책《GA》에 쓰여 있다. 생활에 필요한 것은 모두 있었다. 그러나 지금은 어물전과 채소가게와 같은 가게는 없는 모양인데 빵집과 책방은 있는 모양이다.

상점가를 집어삼키는 공룡
위니테 다비타시옹

어느 정도 이 안에서의 생활이 만족스러운지 '견학자'에게는 알 수 없다. 위니테 바깥의 주변은 완전히 정비되어 활기찬 모습이다.

르코르뷔지에 작품집에 나와 있는 건설 당시의 사진은 주위에 숲만 있고 아무것도 없는 곳처럼 보인다. 멀리 산이 보이고 도로조차 정비되어 있을까 할 정도이다. 하긴 이런 곳이니 이 건축 안에 점포와 우체국, 세탁소와 같은 가게는 반드시 필요했을 것이다. 호텔에다 레스토랑까지 있다. 옥상 수영장도 그림 같은 시설이었다.

그러니 이 건축은 도시의 편리한 시설을 뱃속에 삼켜 넣고 '도시를 내포하고 수직으로 서 있는 꿈같은 공동주택'이었던 것이다.

일본에서는 역 빌딩도 쇼핑센터도 개념조차 없던 시대였다. 지금은 주변이 도시처럼 번화하고 도로도 정비되어 있다. 이런 곳의 호텔에 묵는 사람은 아마도 르코르뷔지에를 알현하려는 건축가 정도로, 그래도 충분히 운영되고 있을 것이다.

'근대 건축의 5원칙'의 빛나는 옥상정원도 당초의 사진 등으로 보는 광경은 물놀이를 하는 한 폭의 그림 같은 옥상이었다. 지금은 보통의 맑은 대낮이었는데, 옥상에 있었던 것은 어느 나라에서 왔는지 모르겠지만 카메라를 든 몇 명의 젊은이였다. 르코르뷔지에를 알현하는 젊은이들일 것이다.

하지만 그것은 시대의 변화다.

어느 시대에도 통용하는 건축이란 도리어 시시하다. 한 시대의 역할은 확실하게 다한 것이다.

미리 말해두지만 메타볼리즘 건축이 소멸하는 것과는 기본적으로 다르다. 메타볼리즘은 끝이 있어서는 안 되어야 했기 때문이다.

복층거실이 사라져도 건축의 가치와는 무관하다?

그런데 복층거실이 사라진 이 건축은 그래도 가치는 내려가지 않는 것일까?

복층거실은 (주민 얘긴데) 대부분의 거주자가 싫어해서라고 할까, 르코르뷔지에가 의도한 공간보다 더 넓은 공간이 필요해서 부정된 것이다. 그래도 이 건축의 가치는 있는 것일까? 가치 기준이 여러 가지 있어도 당연한 것. 기호는 다양하다고 정리를 해 버리면 얘기는 끝이다. 건축의 설계는 무의미하게 된다.

위니테 다비타시옹은 마을의 기능을 내포하고 입체로 올려세운 공동주택이라는 구상과 필로티, 옥상정원, 스킵플로어를 조합하고, 엘리베이터가 3층 간격으로 정지하는 시스템 등 건축으로서 주목할 부분이 많이 있다는 점은 알고 있다.

하지만 세대를 유닛으로 끼워 넣는다는 구상이 매우 충격적으로, 이 건축의 급소였다는 것은 무시할 수 없다. 그 유닛이 스킵플로어가 되어 있다는 것, 다시 말해서 복층거실의 공간 유닛이라는 것도 중요한 급소이다. 그것은 인정해야 할 것이다. 그것이 없어진 것이다. 그래도 가치는 잃어버리지 않은 것일까.

나의 부정적인 의견에 대해 어느 건축 저널리스트가 의견을 보내왔다.

"건축이 사용되어 가는 과정에서 어떤 식으로든 손을 봐도 무관한 것은 아닐까. 그것을 개수, 리뉴얼, 리노베이션이라고 하는 것은 아닐까. 그러니 복층거실이 없어졌다고 이 건축을 모조리 부정하는 것은 잘못된 것이다."

이 생각은 '건축은 성능을 제일'로 한다는 생각이다. 복층거실을 없애버린 이유는 아마도 방을 넓히려는 면적의 문제다. 다시 말해서 성능을 더하고 싶다는 요구에서였을 것이다.

애초에 복층거실을 현대 건축에서 만들어 보여준 것은 르코르뷔지에라고 생각하고 있다. 프랑스의 운전 노동자들의 식당 2층 바닥이 무너져서 두 층 높이가 만들어져 생긴 공간을 보고 르코르뷔지에는 힌트를 얻어 복층거실을 만든 것이라고 알고 있다. 그러니 르코르뷔지에는 현대 주거 공간에서 복층거실을 만든 원조인 셈이다.

이 르코르뷔지에가 위니테 거실의 창 쪽을 열어 둔 것은 위니테 공간 창조의 핵심이지 않았던가. 그것이 성능에 졌다는 것뿐인 얘기다. 르코르뷔지에가 살아 있었다면 절대로 저지했을 것이다. 르코르뷔지에는 '성능을 제일'로 하지 않기 때문이다.

3 모듈러

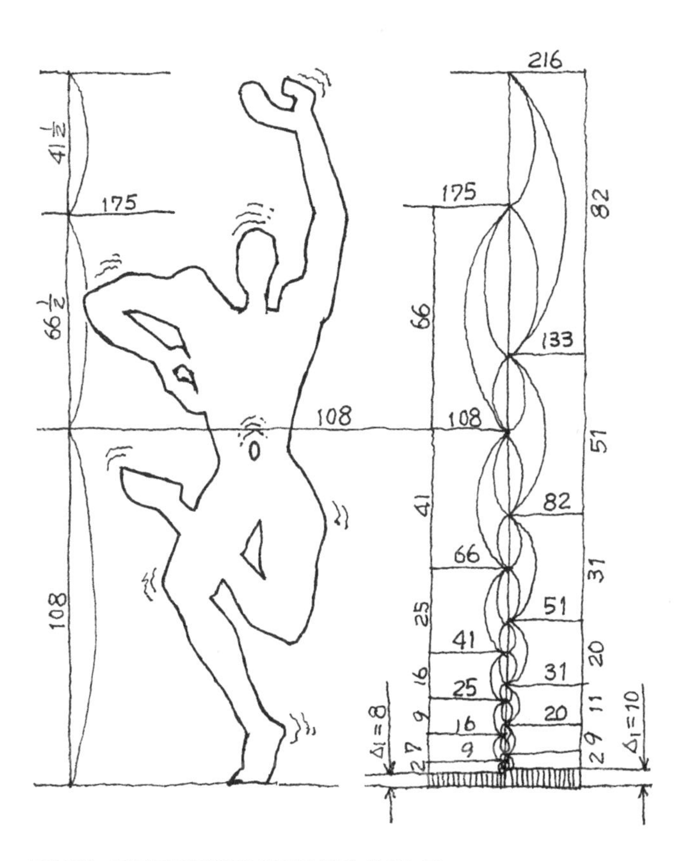

모듈러는 르코르뷔지에의 대명사처럼 쓰이는데
안도 바닥도 깊으니 가까이하지 않는 게 좋을 듯하니…

단도직입으로 말하지만
다들 정말 알고나 있는 거냐?

모듈러는 건물을 '건축'으로 만들어주는 도구인가?

'모듈러Modulor'가 골칫거리다. 당최 알 수가 없다.

애초 일반 대중은 "'모듈'을 잘못 말한 게 아닌가?" 할지도 모르지만 '모듈러'가 맞다.

이것은 모듈과 황금비의 프랑스어 '놈브르 도르Nombre d'or'를 이어 합친 르코르뷔지에의 조어이다.

제2차 세계대전 마지막 무렵, 프랑스 정부는 전후 부흥을 상정해서 계획을 짜기 시작했는데 그 가운데 치수 체계에 관한 것이 있었다. 소개疏開 생활을 하고 있던 르코르뷔지에는 그것에 저항하듯이 독자적인 치수 체계를 생각하고 있었다. 그것이 '모듈러'이다.

손을 들어올린 인체의 그림과 원의 일부를 얇게 잘라 작은 것부터 큰 것으로 겹쳐가는 그림은 건축에서는 많이 보던 것인데, 내용은 나도 당최 알 수가 없다. 알 수 없다면서 대단한 척 들먹이는 것도 뭣 하지 않은가 하고 생각도 하지만 신경이 쓰이기는 하다. 왜 신경 쓰이느냐면 르코르뷔지에의 제자인 요시자카 타카마사吉阪隆正 교수가 자신이 번역한 《LE MODULOR》의 옮긴이의 말에 이런 것을 쓰고 있다.

"모듈러는 스승이 일평생 걸쳐 어떻게 하면 건물이 '건축'이 되는가 하는 것을 찾아왔던 노력의 결과이며, 이루어낸 것이며, 만들어낸 하나의 도구였다."

이렇게 말하면 난제라고 애물단지라고 건너뛰어 버릴 수는 없다.

'모듈러'는 건물을 '건축'으로 만들어주는 도구라고 한다.

일반 대중이 들으면 마치 선문답으로 들릴 것이 틀림없다.

예전에 도쿄공업대학 명예교수로 도쿄예술대학 학장을 지낸 건축가 세이케 키요시清家清* 교수를 만년에 찾아뵈었을 때, 강한 어조로 이렇게 말했다.

"요시다 씨, 당신은 대학에서 가르치고 계신데, 건물을 가르

---

* 세이케 키요시(清家清, 1918~2005). 1943년 도쿄공업대학 졸업. 도쿄공업대학 교수 역임. 명료하고 경쾌한 작품으로 일본의 전통미가 숨 쉬는 모던 미를 독자적으로 해석, 처음으로 형태로 구현했다.

쳐서는 안 돼요. 건축을 가르치지 않으면 안 됩니다!"

"예엣!"

그때는 넵 알고 있습니다. 빌딩이 아니라 '아키텍처'란 말이죠 라고 마음속으로 대답을 한 것이다. 자주 듣는 얘기였기 때문이다.

하지만 "그럼 차이를 명확하게 말해보렴."하고 물으면 대답이 궁하다.

"그것이 매일 건축 설계를 하는 기본적인 자세이며 제일 힘든 부분이지 않을까요. 명확하게 이렇다 저렇다 하고 말로 정의할 수는 없습니다."라고 할 수밖에 없다.

만약 말로 정의했다고 해도 그것은 건축의 실체와 그리 간단하게 연결되는 것은 아니다.

'대문자의 건축'**이라는 것이 있다. 이것도 말은 알겠지만 실체로 연결되는 것은 없다. 실체를 보고 오른쪽에 서 있는 것이 건물이고 왼쪽이 '대문자의 건축'을 보여주고 있습니다… 라고 구별할 수도 없다.

여담이지만 세이케 키요시 교수의 자택은 '나의 집私の家'이라고 해서 유명하다. '일본의 현대 주택 베스트 10'에 들어갈 것이다. 이 집은 같은 부지에 사는 양친을 위해 지은 집인데, 입주

** 저자 요시다 켄스케(吉田研介)는 대문자의 건축을 이렇게 설명한다. "건축을 아름답다거나 멋지다라고 하는 등 단순히 외형적인 것을 표현하던 것과 달리 이념이나 콘셉트에 의하여 건축을 표현하는 말. 구로카와 키쇼와 이소자키 아라타가 사용했고 한때 유행한 말이다."

“건물을 가르쳐서는 안 돼요. 건축을 가르쳐야 해요…”

“???”

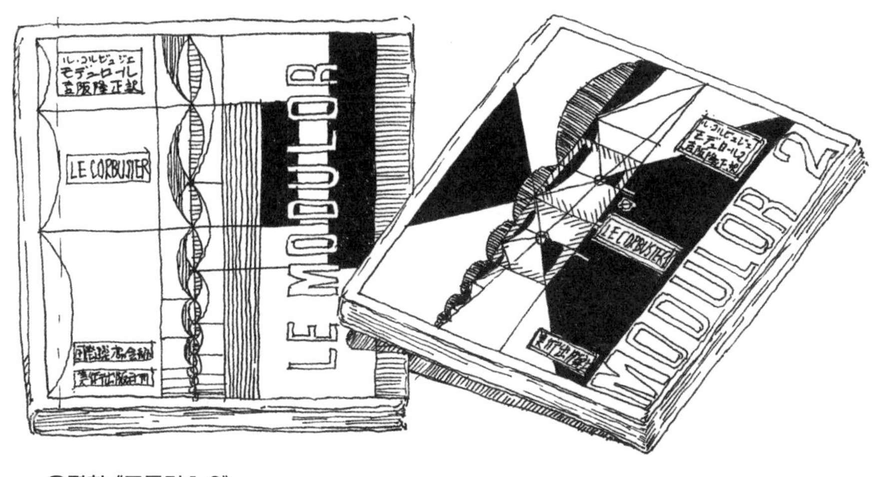

유명한 《모듈러 1, 2》

를 하지 않겠다고 해서 자기가 살게 되었다고 한다. 집 안에 문이 하나도 없고, 화장실도 없는 것으로 유명하다. 그 주택이 '건축'이고 건축업자가 만든 멋지고 편리한 집을 '건물'이라고 한다면 일반 대중은 도저히 이해할 수가 없다.

그런 상황에서 '모듈러가 건물을 '건축'으로 만들어주는 하나의 도구'라고 하니 모른 척 할 수가 없다.

요시자카 타카마사 교수에 의하면 르코르뷔지에는 가끔 이렇게 말했던 모양이다.

"이제부터 '건축'이 시작되는 것이다."

"이것이 '건축'을 마무리하는 것이다."

대개 설계도를 완성했을 때 내지른 말이었다고 한다.

요시자카 교수는 이런 말씀을 하셨다.*

"건축을 하고 벌써 10년이나 되었는데 건축이 뭔지조차 알 수 없게 되어 헤매고 있었을 때였는데 '건축'과 건물의 차이가 어디에 있나, 조금은 알았다는 느낌이 들어왔다."

그리고 이런 말도 했다.

"건물이 확실히 '건축'이 되기 위해서는 더더군다나 다른 도구가 필요할 터이다. 그것을 찾아내는 것이 우리에게 부과된 임무이다. 선배들이 이렇게 하나의 도구를 만들어내기에 다다른 과정은 대단히 우리에게 좋은 길잡이인 셈이다. 모듈러가 매우 유효한 도구라는 것은 나 자신이 사용해보고 나서 기탄없이 말할 수 있다."

교수님은 이렇게 말씀하시고서는 그 유명한 정방형의 책 《LE MODULOR》 두 권을 번역한 것이다(《모듈러 1, 2》, 가지마출판회 鹿島出版会, 1976).

인체 각 부분의 치수에서 출발?

후배와 몇십 년 만에 만났을 때 "이거, 아직 되돌려드리지 못한 건데…"라면서 제법 낡아서 햇볕에 누렇게 된 두 권의 책 《LE MODULOR》를 내게 내밀었다. 요시자카 타카마사 교수님이 번역한 그 책이다.

✲ 요사자카 타카마사가 번역한 《LE MODULOR》의 "번역자의 말"에서 인용

“내가 아니겠지.”

“아녜요. 이름도 쓰여 있고, 책 안에는 밑줄도 그어져 있습니다.”

놀라 열어보니 정말 내 책이고 밑줄도 그어놓았다.

처음으로 밑줄을 그어놓은 것을 보니 이렇게 쓰여 있었다.

“단도직입으로 말하면, 인체 각 부분의 치수에서 출발한 것으로…”

확실히 이것은 기본 중의 기본인데, 그 이상 이해도 하지 못하고 기억에도 없다. 아마 전부 읽지 않고 내던진 게 틀림없다. 그 후로 두 번 다시 손에 든 적이 없던 것이다. 다만 내가 그 다음을 읽지 않고 내던져버린 변명을 하자고 들면, 인체 치수라고 하지만 그것이 르코르뷔지에 자신의 신체인가 아니면 프랑스인 평균 치수인가 모르겠지만 일본인에게 꼭 들어맞을 리가 없기 때문이다.

예를 들면 모듈러의 그 유명한 인체 치수의 그림을 보면 배꼽의 높이가 113센티미터라고 하는데 나는 일본인으로서 그저 보통이므로(최근 젊은이는 어떤지 모르겠지만), 배꼽의 높이는 98센티미터. 그러니 모듈러의 인체 치수보다 15센티미터나 작다. 또 손을 들고 제일 높은 곳까지, 모듈러는 2미터 26센티미터로 배꼽 높이의 2배다. 하지만 나는 겨우 2미터. 2배보다 4센티미터 크다. 일본인이 키가 작다(프로포션)는 것을 여실히 보여준다.

한편 르코르뷔지에는 키가 182.9센티미터. 손을 머리 위로 뻗으면 226센티미터이다.

체형, 사이즈 전혀 다릅니다.
'마르세유의 위니테'의 벽 앞에서

르코르뷔지에가 프랑스 남부의 카프 마르탱Cap Martin에 만든 오두막의 천장 높이는 손을 들어올린 높이 226센티미터라고 한다.

이 오두막은 사랑하는 아내 이본느의 생일 축하선물로 지은 것이라고 한다. 그리고 그녀가 죽은 후에는 르코르뷔지에 자신이 살았고, 어느 날 거기서 지중해로 헤엄쳐 나가서는 돌아오지 못한 것은 잘 알려져 있다. 그러니 두 사람의 마지막 서식처였다. 물론 아내 이본느는 르코르뷔지에보다 엄청 작았다.

도쿄대학의 단게 켄조丹下健三 연구실에서는 단게 켄조 교수가 고안한 일본인의 체격을 기준으로 하는 급수로 치환된 모듈러가 '지배적으로' 사용된 모양이다. 유라쿠초有楽町에 있던 도쿄도 청사의 천장 높이 2.25미터도 '단게 모듈러'에 의한 것이라고 한다(《유리이카》 vol.20-15, 구로카와 키쇼).

역시 '낮다'고 평판이 좋지 않았다. 그래서 애초에 모듈러라는 것을 어떻게 사용하는 것인지는 잘 모르지만 적어도 프랑스 건축에서 쓸 수 있어도 일본에서는 쓸 수 없다는 것이다. 그렇다면 일본인에게 의미가 없다?

편리한 스케일

많은 건축가가 '모듈러라는 게 뭐지?'라는 물음에 이렇게 대답해 주었다.

"이것을 사용하면 자잘한 것에 망설이지 않아도 되는 편리한

“이 집은 나를 위해 만든 것이 아니었어?”
카프 마르탱의 오두막에서

스케일이다. 천장 높이라고 해도 자잘한 수치로 망설이지 않고, 모듈러에 있는 수치, 예를 들면 226센티미터를 쓰면 된답니다."

엄청 거칠고 엉성한 해석인데 이렇게 해석하고 있는 건축가가 제법 많은 것은 아닐까.

르코르뷔지에가 생각해낸 유명한 척도이기는 하지만 대부분의 건축가는 실은 이해도 하지 못하고 있는 것은 아닐까?

이것은 기본적으로 틀린 해석이다.

《요시자카 타카마사 전집 8: 르코르뷔지에와 나》(게이소서방 勁草書房, 1984)에 쓰여 있는 것과 조금 다르다.

그러니까 어떤 높이를 정할 때, 그것과 가까운 모듈러의 치수를 가지고 와서 나머지 그 높이를 메우는 데에 한 번 더 모듈러에 있는 작은 숫자를 더한다. 이렇게 더해 가면 원하는 높이의 수치가 모듈러로 만든 치수가 된다는 것이다. 근데 그렇게까지 해서 모듈러의 숫자를 고집하는 것은 무엇 때문인가.

그것은 르코르뷔지에가 수학이라는 물건을 좋아하고 그렇다기보다는 신뢰해서 황금비나 피보나치 순열로 만들어낸 모듈러 숫자를 사용하면 안심하기 때문은 아닐까.

그러나 그렇게 하면 건물이 '건축'이 되는 것일까? 설마….

요시자카 타카마사 교수는 모듈러는 악기라고 한다. 음악을 만들 때 자기가 좋아하고 신뢰할 수 있는 악기를 사용한다는 의미일 것이다.

“계단 손잡이 높이는 이 정도로 하자. 재 보렴.”

“???”

모듈러 치수 따위 쓰지 않아도 돼

내게는 이런 추억이 있다.

대학원생일 때 요시자카 연구실에서 도면 그리는 아르바이트를 했다. 실제로는 준비실에서 연필을 깎는 정도의 일이었는데, 요시자카 타카마사 교수님은 선배들과 대등하게 대해 주셨다.

아마도 계단 손잡이의 도면을 그리고 있을 때였다고 생각하는데, 높이를 정하지 못하고 있었다. 어쨌거나 처음 하는 일이었다.

"선생님, 보통 계단 손잡이 높이는 얼마입니까? 모듈러의 113센티미터로 할까요?"

아는 척 모듈러의 치수를 들먹였다. 그러자 바로 그 자리에서,

"그런 치수 사용하지 않아도 돼. 이 정도면 됐나? 재 보게나."라고 하면서, 자기 허리께에 손을 대며 계단 손잡이 위를 손으로 쓸어내리는 시늉을 하고는 그걸 계측하라고 했다.

"1미터 5센티미터네요."

"음, 그럼 그걸로 하지."

더구나 그 시늉을 하면서,

"건축에 보통은 없다."라고 중얼거렸다. 잊을 수 없는 경험이었다.

분명하게 모듈러를 "그따위 쓰지 않아도 돼."라고 하신 말씀이 내게는 모듈러의 정의처럼 남아 있다.

이것과 비슷한 한 구절이 실은《LE MODULOR》에 나온다.

제도판 위에는 때때로 서투른 배열, 부자연스러운 것이 보였다.

"선생님, 모듈러대로 했는데."

"모듈러 따위 놔두고 지워버려. 자넨 모듈러를 서투른 솜씨나 부주의자의 만능약이라고 맘에 새기고 있는가. 만약 모듈러가 부자연스럽게 이끈다면 모듈러를 버려야 해."

—요시자카 타카마사 옮김

하나 더, 비슷한 대화가 있다.

L · C (도면을 보면서 떨떠름한 얼굴을 한다)

이 치수 이상하지 않나?

스태프 제대로 모듈러를 적용한 것입니다만…

L · C 모듈러 따위에 기를 빨려서는 안 돼. 노래하듯 해야 된다구. 이건 음악이 안 되어 있잖아.

스태프 네(?)

L · C (다른 도면을 보고는)

이것 얼마로 했나?

스태프 50센티입니다.

L · C 왜 모듈러 대로 안 되어 있네. 모듈러가 있지 않은가?

스태프 넵(!)

이거라고 생각한다. 요시자카 교수님이 "그런 치수 쓰지 않아도 돼."라고 한 정신은, 바로 이거라고 알게 된다.

그는 1950년 르코르뷔지에의 문을 두드리고, 마르세유의 '위니테 다비타시옹'을 담당하고 있었다. 위니테 다비타시옹은 모듈러로 만든 것으로 유명하다. 요시자카 교수님은 '모듈러' 정신이 뼛속에 새겨진 것은 당연한 것일 것이다.

그러나 책에서는 르코르뷔지에의 말이 이렇게 이어진다.

> 자네 눈이 판정자이다. 자네가 인정해야 하는 유일한 사람이다. 자네 눈으로 판정해라. 그리고 곧은 마음으로 나와 함께, 이후 모듈러는 도구라는 점, 정확한 도구라는 것, 마치 건반과 같은 것이다. 피아노다. 조율된 피아노라는 것을 인정해야 돼. 피아노는 조율되어 있다. 잘 치는가 아닌가는 자네 몫이다. 모듈러는 재능을 주거나 하지 않아. 천재적 재능 따위 더더욱 그렇다. 둔중한 것을 가볍게 하지는 못해. 확실한 치수를 사용하는 데에서 오는 안전함을 제공할 뿐이다. 그러나 모듈러의 무한한 조합 속에서 '골라내는' 것은 자네다.
>
> —요시자카 타카마사 옮김

도무지 르코르뷔지에의 문장은 한 성깔하고 난해해서(프랑스어를 할 수 없어서 번역을 잘 못했다 하고도 생각하지만, 빈말이라도 좋은 문장이라고는 할 수 없어서) 이 말이 어떤 때 나온 얘기인지 전후의 문맥을 봐도 정확하게는 읽어낼 수 없다. 아무래도 실제 현장에서 어쩌면 마르세유의 '위니테 다비타시옹'일지도 모르지만, 거기 사무실에서 르코르뷔지에가 한 말이 아닐까 한다.

암튼 요시자카 타카마사 교수님의 "그런 거 쓰지 않아도 돼."를 해석하는 것만으로도 내게는 충분하다.

예전 롱샹성당에 갔을 때, 기념품 매점에 모듈러의 긴 줄자 테이프를 팔고 있었다. 폭이 4센티미터이고 길이가 2미터 26센티미터이다. 적색과 청색의 모듈러의 전형적인 디자인으로 젊은 직원들이 좋아할 것 같아서 몇 개 샀다. 그런데 귀국한 뒤, 보란 듯이 선물을 주려고 했더니 젊은 직원은 미안한 듯이 "일본에서도 팔고 있습니다. 저 가지고 있습니다."라고 한다. 기념품도 안 되는구나. 점점 흥미를 잃어갔다.

지금은 젊은 건축가들도 거의 관심을 보이지 않는다. 가끔 르코르뷔지에 연구자가 아는 척 얘기하는 정도. 내게서도 사라져 버렸다.

그래서 결국 '모듈러'의 무엇을 어떻게 사용하면 좋은가, 어디를 어떻게 사용하면 건물을 '건축'으로 할 수 있는 것일까. 알 수 없는 채로 봉인해두고자 한다.

4

국제연맹회관 콤페티션

"'콤페'에서는 응모작품에 특수한 표시를 하거나
심사위원에게 작품을 보여주는 것은 금지되어 있습니다."
"그래서 어쩌라구."

심사위원에게
계획안을 보여주면
실격이잖아요!

'콤페'는 언제나 문제가 있는 것일까?

'콤페' 다시 말해서 경기, 경쟁은 자칫하면 문제가 생기기 쉽다. 스포츠처럼 누가 빨랐나 하는 것이라면, 요즈음은 전자시계나 사진기술이 있어서 0.01초 차이라도 승패는 명확하게 판명된다. 예전에는 올림픽과 같은 큰 국제대회에서도 수영장 위에서 코스마다 심판원이 스톱워치를 들고 골을 들여다보며 선수가 터치하는 것을 측정하기도 했다. 만화 같은 광경이지만 예전에는 그것을 믿었다. 그래서 1위, 2위를 육안으로 결정했다. 일단 '객관적'이어서 다른 말이 나오지 않았다.

주관과 객관

승부의 판정에는 객관성이 필요하다. 같은 스포츠라고 해도 피겨스케이팅이나 체조는 사람의 눈으로 직접, 그러니까 주관으로 판단해야 하므로 느닷없이 괴상하게 된다. 더구나 건축 설계의 좋고 나쁨, 이기고 지고 하는 일에서 '객관적'인 판단은 무리가 따른다.

맞아, 인간이 주관적으로 판단하는 것이 '객관적'일 리가 없다.

그렇기는커녕 승부를 결정해야 할 때에는 심사가 이루어지기 이전부터 문제가 발생한다. 애당초 심사위원을 누구로 하나, 그리고 누구든 응모할 수 있게 할 건가, 판단 기준, 즉 가치기준의 설정 방식 등 문제가 얼마든지 드러나서 복잡다단하다.

그러나 처음부터 건축가를 누구로 할 것인가를 주최자(건축주)가 임의로 정해서, 특별하게 발주하는 것보다 콤페 형식을 밟으면 형식적으로는 '공정'이 되어, 공공의 건축은 콤페 형식을 밟아왔다.

일본무도관과 히로시마평화회관

콤페를 둘러싼 문제는 전후 건축 콤페가 점점 많아져서 찾아보면 책 한두 권 쓸 정도로 얘깃거리가 있다. 기억에 남을 정도로 소란스러웠던 것은 '일본무도관日本武道館'*이다. 야마다 마모루山田守**가 콤페에서 이겼다.

이 콤페는 지명된 4인이 경쟁하는 지명 콤페였다. 처음 지명된 것은 5인이었는데, 윤리관이 특히 강한 마에카와 쿠니오前川國男는 스스로 지명을 사퇴했다. 콤페의 방법에 뭔가 불만이 있었던 모양이다(시간이 너무 짧다는 게 이유라고는 하지만…).

심사위원 6인이 심사를 했다. 그러자 제1 심사에서 ○씨(○으로 시작하는 사람이 두 명 있지만 그 이상은 알려지지 않았다)의 안에

---

* 일본무도관(日本武道館). 1964년 도쿄올림픽 유도경기장으로서 건설되어 같은 해 10월에 개장했다. 일본의 무도 연습장, 경기장으로 사용되고 있다.

** 야마다 마모루(山田守, 1894~1966). 도쿄대학 건축과 졸업 후 체신성 영선과에 들어가 전신국, 전화국을 설계. 체신건축의 선구자적 존재. 1924년부터 부흥국 토목부에 소속. 에이타이교(永代橋) 히지리교(聖橋)를 설계

일본무도관 콤페에서 오른쪽 O씨 안이
5표 들어왔다. 왼쪽이 야마다 안

일본무도관과 설계자 야마다 마모루

5표, 야마다 마모루의 안에는 한 표밖에 들어오지 않아 1:5로 결정적으로 이기기 어려웠다. 그런데 심사위원장은 어찌되었건 야마다 마모루를 1위로 정하고 싶은 사정이 있었다. 그걸 말하면 길어지니 생략하지만 어쨌든 야마다 마모루가 이기게 하고 싶었다. 이대로 결선 투표를 하면 진다.

거기에서 위원장은 "최종 심사는 후일 다시 한다."라고 선언하고 결정을 미루고 말았다. 그리고 최종 심사 때까지 며칠 사이, 위원장은 동료 국회의원 6인(무도관 건설의 이사이기도 했지만)을 불러들여 그들을 심사위원으로 추가해 최종 심사, 결선 투표를 했다. 심사위원을 6인 늘려 총 12인이 심사를 했다. 이번에는 7대 5. 두 표 차로 역전되어 야마다 마모루가 이기게 되었다.

도중에 심사위원을 추가하는 등 불상사라기보다 차라리 콤페 역사에 남을 희한한 일이었다. 어떻게 이렇게 되었는가는 심사 기록이 남아 있지 않아서 밝혀지지 않은 채로다. 실은 '일본무도관'은 1964년 도쿄올림픽을 계기로 만들어진 것으로 유도회장이다.

올림픽 시설은 원칙적으로 콤페로 해야 한다는 규칙이 있었다. 그런데 콤페로 한 것은 이 무도관뿐이다. 나머지 시설은 모두 '올림픽 경기 시설 특별위원회'에서 콤페조차 하지 않고 결정해 버렸다. 그 중심인물이 도쿄대학의 기시다 히데토岸田日出刀* 교수

* 기시다 히데토(岸田日出刀, 1899~1966). 도쿄대학 건축과 졸업 후 대학에 남아 강사를 하면서 도쿄대학 대강당인 야스다(安田)강당을 설계. 기시다 연구실에는 단게 켄조, 마에카와 쿠니오가 있었다.

국립요요기옥내종합체육관

히로시마 평화회관
설계: 단게 켄조

와 다카야마 에이카高山英華* 교수였다. 그 시설 가운데 '국립요요기옥내종합체육관國立代々木屋內総合体育館'이 있었던 것은 유명하다. 이것은 콤페를 하지 않고 단게 켄조가 설계 특명을 받은 것이다.

하나 더 큰 콤페로 화제가 된 것이 있다. '히로시마평화회관(広島平和會館, 현 히로시마평화기념자료관)이다. 매년 여름에 평화기념 행사가 열리는 곳이다. 이것은 공개 콤페로 진행되었고 심사위원은 9인이었다. 1차 심사에서는 5표를 획득한 야마시타 토시로山下寿郎** 안이 1위, 단게 켄조는 2표밖에 받지 못해 5위였다고 한다. 근데 다음 날 역전해 이겼다. 하룻밤 사이에 무슨 일이 일어났던 것일까.

이것에 대해 건축사연구자인 후지모리 테루노부藤森照信*** 씨는 이렇게 말한다.

"기시다(히데토) 씨의 고군분투 파이팅으로 역전해 단게가 당선했다."(마키 후미히코槇文彦**** 외 편, 《단게 켄조를 말한다》, 가지마출판회鹿島出版会, 2013)라고 하는 것이다. 기시다 히데토 교수는 뭘 분

---

* 다카야마 에이카(高山英華, 1910~1999). 도쿄대학 건축학과 졸업. 근대 도시계획학의 창시자. 도시공학의 선구자로서 도시재개발에서 지역계획, 도시 방재의 추진 등 도시계획 분야에 큰 족적을 남김.

** 야마시타 토시로(山下寿郎, 1888~1983). 도쿄대학 건축학과 졸업. 일본 최초의 초고층빌딩 가스미가세키 빌딩, NHK방송센터 등을 설계

*** 후지모리 테루노부(藤森照信, 1946~). 도호쿠(東北)대학 건축과 졸업 후 도쿄대학 대학원에 진학해 근대일본건축사를 전공

**** 마키 후미히코(槇文彦, 1928~). 도쿄대학 건축학과 졸업 후 미국 유학. 하버드대학 디자인대학원 졸업. 도쿄대학 건축학과 교수 역임. 힐사이드 테라스, 도쿄체육관 등 설계

투한 것일까.

주관도 객관도 있을 리 없다. 어떤 힘을 행사했을까. 알 수 없는 일이다.

'일본무도관'은 지금은 천황이 참석하는 국가적 행사에도 사용되고 인기 연예인이 공연하고 싶어 하는 장소로도 인기가 있다. 2020 도쿄올림픽 경기장으로 사용되기도 했다.

국립요요기옥내종합체육관은 국제적으로 높은 평가를 받고 상도 많이 타고, 나중에는 유네스코 세계유산에 등록될 것이라고 한다.

또 평화기념회관도 뛰어난 건축으로 건축계가 인정하는 걸작이 되었다. 8월 '원폭의 날'에는 수많은 사람이 모인다. 원폭 돔을 필로티를 통해 정면으로 보는 안은 훌륭하다. 콤페에서 원폭 돔을 축에 놓은 안은 다른 안에는 없어서, 역시 이 안으로 하길 잘했다고 생각하는 건축가도 적지 않을 것이다.

그러니 얘기는 간단치가 않은 것이다.

알프레드 로스가 경험한 것

한편 르코르뷔지에.

카를 모저Karl Moser* 사무실에서 일하고 있던 알프레드 로스Alfred Roth**는 카를 모저가 시키는 대로 파리의 르코르뷔지에 사무실에서 일하게 된다. 카를 모저는 취리히 연방공과대학 건축과 교수로, 그의 강의는 대단히 재미있고 뛰어났다고 한다. 완전히 매료된 알프레드 로스는 졸업 논문을 제출하고 나서 카를 모저 스위스 사무실에서 일을 배우고 있었다.

로스가 쓴 회고록《회상의 파이오니어》(무라구치 하루미村口晴美 옮김, 1977)가 재미있다.

로스는 1927년 1월, 지금까지 일하고 있던 카를 모저 사무실에서 파리의 르코르뷔지에 사무실로 옮겨 일하게 된다. 그것은 르코르뷔지에가 모저에게 젊은 건축가를 보내주지 않겠느냐는 편지를 보냈기 때문이다. 그에 응해 모저는 로스의 등을 두드리며 이렇게 말했다.

"로스 군, 자네가 여기서 해 줘야 하는 일은 더 이상 없네. 파리의 르코르뷔지에 사무실에서 사람이 필요하다고 하네. 가보지 않겠나." (무라구치 하루미 옮김, 1977)

카를 모저는 국제적인 아방가르드와 밀접한 관계가 있었다.

그 중에 르코르뷔지에가 있었다. 르코르뷔지에와는 각별한 사이였다. 근데 로스가 르코르뷔지에에게 가보니, 사무소는 마침 제네바의 '국제연맹회관(팔레 데 나시옹)'***의 콤페에 응모하기 위

---

* 카를 모저(Karl Moser, 1860~1936). 스위스 건축가. 1915~1928년 취리히 공과대학에서 후진 지도. 이 시기에 바젤의 성 안토니우스 교회(1927)를 설계. CIAM의 초대 의장으로 근대건축 발전에 공헌

** 알프레드 로스(Alfred Roth, 1903~1988). 스위스 건축가. CIAM의 구성원으로 스위스 근대건축의 개척자

*** 국제연맹회관(Palais des Nations). 만국의 궁전이라는 의미. 스위스 제네바에 있는 건축. 국제연맹의 본부 건물

한 일로 한창이었다. 로스는 사무실에 들어가자마자 바로 그 작업에 합류했다.

일하면서 르코르뷔지에의 전혀 다른 구상에 경탄했다고 한다.

"우리에게 익숙한 지금까지의 개념과는 전혀 다르고, 그 개념의 근저에는 모든 습관과 동떨어진 정신적인 명석함과 독창성이 있었다."(무라구치 하루미 옮김, 1977)라고 놀란 모습이 로스의 회상록에 기술되어 있다.

응모안 보내기 전의 기념 촬영

그리고 하여간 콤페 응모안이 만들어졌다. 완성된 응모안 패널을 보내는 날에는 포장할 나무상자가 벌써 준비되어 있었다. 작업에 참여한 모두가 모였다. 패널을 나무상자에 집어넣기 전 특징적인 넉 장의 패널을 골라 벽에 걸고, 그 앞에서 완성 기념사진을 찍게 되었다. 이미 사진사를 불러 두었고, 르코르뷔지에와 동생 피에르 잔느레도 의자에 앉아 있다. 총 8명. 물론 로스도 함께다.

로스의 회상록에 의하면 "르코르뷔지에는 이 사진은 정말 자기에게도 또 우리에게도 길고 엄혹했던 일의 추억이 되는 귀중한 도큐먼트가 될 것이라고 했다."라며 "그리고 당연한 것인데 우리는 대단히 자랑스러워했고 기뻤다."라고 한다.

응모작은 무사히 보냈다.

그리고 며칠이 지난 "어느 날 르코르뷔지에는 그 사진의 복사본을 취리히의 모저 교수에게 보내면, 모저 교수는 열심히 일하는 이전의 제자 모습을 보고 크게 즐거워할 거라고 했다. 이것에 대해 깊이 생각도 하지 않고 우리는 그날 밤 모저 교수에게 사진과 프로젝트에 관해 감탄하고 있다는 내용의 편지를 첨부해서 보냈다."(무라구치 하루미 옮김, 1977)

그러나 그 편지와 사진은 모저의 편지와 함께 속달로 반송되었다. 그리고 대단히 격노한 편지를 읽고, 로스는 낭패하면서 자기가 어처구니없는 실수를 한 것을 처음으로 알게 된다.

모저 교수는 이 콤페의 심사원이었던 것이다.

르코르뷔지에는 그것을 알고 있었고 요컨대 '비밀스러운 의도'가 있었던 것이다. 로스는 르코르뷔지에의 자연스러운 태도에 그 의도를 전혀 알아채지 못하고 저질러버린 것이다. 어처구니없는 일에 가담한 것을 전혀 모르고 있었다.

사진을 보면, 그 배경에 세워져 있는 어떤 특징 있는 패널은 심사위원, 다시 말해서 모저의 눈에 인상 깊게 새겨진다.

(나는 원문이 어떤 단어인지는 모르겠지만, '의도'보다 '책략'이라고 하는 편이 그의 교활함을 나타내는 데에 꼭 들어맞는 말이라고 생각하는데…)

로스에 의하면 르코르뷔지에도 약간 당황했던 모양이었는데, 이 일에 대해서는 나중에도 아무 말도 하지 않았다고 한다. 다만 르코르뷔지에의 관심은 그것이 아니라 그의 프로젝트(응모안)가 진보적인 심사위원들에게 어떻게 비추어졌나, 관심도 보이지 않고 내치지나 않을까, 그게 걱정이었다고 한다.

응모안을 보내기 전 기념 촬영 모습
카를 모저에게 보낸 사진의 모사

그리고 결과.

이 안이 진보적인 심사위원들로부터 의심의 여지 없이 1등을 할 만한 것이었지만, 6명 중 반 수는 보자르 류의 전통주의자들로 르코르뷔지에의 안을 인정하려고 들지 않았다. 카를 모저는 진보적인 편으로 르코르뷔지에를 밀고 있었다. 그리고 유명한 얘기인데, 르코르뷔지에의 도면이 먹이 아니라 인쇄공장의 잉크를 사용했다는 이유로 끌려 내려와 그 뒤로는 어떻게 되었는지 모른다.

요컨대 르코르뷔지에의 안은 실현되지 않았다.

격노한 르코르뷔지에와 진보적인 근대건축파는 국제적인 전위건축가를 불러들여 '근대건축국제회의 CIAM'을 결성했다. 그리고 스위스의 라 사라La Sarraz에서 제1회 국제회의를 개최했다.

초대의장이 카를 모저였다.

불순한 '책략'이 탄로 나거나 말거나 신경도 안 쓰고 자기 안이 어떻게 받아들여지는가를 걱정한다. 그리고 낙선한 것에 격노해 세계의 전위건축가들을 불러들여 국제회의를 개최한다. 더구나 그 회의의 의장에게 사전에 자기 작품을 보이는 부적절한 행위를 한 상대, 심사위원 모저를 앉힌다. 그 똥배짱은 혹은 '악당'이라고 하는 편이 더 나을지도 모르지만 역시 보통 사람은 아니다.

교묘하게 짜맞춘 드라마

여기까지 알프레드 로스가 회상록에 비교적 충실하게 기술해 왔는데, 나는 실은 어쩌면, 하고 의문이 생겼다. 이것은 로스도 알아채지 못한 것인데….

모저와 르코르뷔지에는 처음부터 '책략'을 함께한 것은 아닐까.

모저 사무실에서 일하고 있던 로스를 르코르뷔지에에게 보내 로스를 교묘하게 짠 드라마에 등장시킨 것이다. 그는 사진을 받아든 모저가 격노해 반송하는 연기를 보고, '모저의 결백함'의 증인이 된 셈이다.

얼추 그렇게 생각할 수 있다고 여겨지는데.

단순히 아무도 모르게 자기의 안을 모저에게 보이려고 했다면 친한 관계이므로 르코르뷔지에가 직접 편지를 보내면 되는 것이다. 그러나 그 편지의 왕래는 모저의 결백함과 르코르뷔지에의 근성으로 봐서도 하고 싶지 않은 일이었다. 정말.

그렇기는 해도 봉투는 열어봤을걸. 당연히 사진은 보았을 거고. '연기'가 아니면 단순히 찢어버리면 되는 것이다. 그것을 일부러 반송한다는 것은 정말 과장된 허풍스러운 연기가 아닐까.

카를 모저의 장례식 때 르코르뷔지에가 읽은 조사가 좋다.

(카를 모저가 어느 건축 심사위원이 되었을 때) "사람들은 그의 판정을 무서워하면서 심사위원으로서 그의 권한에 정실情實*을 요구한 것을 거절했다는 것도 알고 있다." (응? 르코르뷔지에는 정실을 요

구하지 않았던가?)

"결백한 양심을 지니고 오로지 진실 탐구에 헌신하고 있는 사람(필자 주: 카를 모저를 가리킴)을 우리들의 지도자로 받는 것을 행복하게 여기고 있습니다. L. C"(무라구치 하루미 옮김, 1977)

(그렇겠지. 계획대로 하지 않았으니 결백일거야.)

사족이지만 후일담이 있다.

콤페에 작품을 제출하고 나서 한숨을 돌릴 때 르코르뷔지에는 콤페에 참가한 스태프들의 노고를 풀어주려고 피크닉에 데리고 나갔다. 르코르뷔지에의 자동차와 택시에 나눠 타고 파리의 대성당을 찾았다고 한다. 그곳에서 르코르뷔지에의 설명은 프랑스인의 긍지로 가득한 훌륭한 것이라고 한 모양이다.

그리고 레스토랑에 들어가 식사를 했다. 르코르뷔지에는 콤페라는 큰일을 마무리한 것에 감사의 뜻을 표하며 인사를 했다. 알프레드 로스에 의하면 그의 인사는 젊은 시절 집중력과 감동할 수 있는 힘의 소중함을 역설하고, 고매한 정신적, 미학적 이상을 추구할 것을 기대한다고 하는 감동적인 것이었다고 한다.

그리고 마지막으로 이렇게 말했다.

"친애하는 친구들이여. 정말 유감스러운 일인데 자네들의 이 노력에 대하여 지불해야 하는 돈이 없다는 것을 말하지 않을 수 없습니다."

"…"

---

* 사사로운 정에 이끌리는 일

"제군들 콤페에 열심히 해주어서 감사합니다. 그러나
당신들에게 지불할 돈이 없습니다!"
"…"

"..."

어차피 보수는 얼마 안 될 거지만, 조금은 받을 거라고 예상하고 있던 스태프들은 지옥에 거꾸로 처박힌 기분이었을 것이다. 특히 며칠 후 파리를 떠날 예정이었던 스태프들은 지갑은 텅텅 비었고, 어처구니없는 현실에 부딪혀 어쩔 줄 몰라 했다.

이것도 사족이지만 여기서 짐작이 가는 것이 있다.

이 '임금 미불사건'은 1927년의 일이다.

마에카와 쿠니오가 르코르뷔지에 사무실에서 일하기 시작한 것은 그 다음해 1928년 4월이다. 마에카와는 봉급을 받았을까…?

마에카와 쿠니오가 젊었을 때, 콤페를 자택 복도에서 하고 있고, 거기서 도와주던 스태프는 봉급을 받기는커녕 도리어 수업료를 냈다고 하는 농담 같은 소문을 들었는데, 사실일지도 모르겠다는 생각이다.

건축가가 인생을 걸고 싸울 수 있었던 좋은 시대였다.

5

빌라 사보아

"르코르뷔지에 선생님! 뭐 하시는 겁니까!?"
"사보아 씨가 살 수 없다면서 나가버리기에 잘못했다면서 빌고 있어."
"…"

재판을 염려하면
걸작, 명작은 만들 수 없어!

르코르뷔지에의 가장 유명한 주택

르코르뷔지에가 설계한 건축물 중 매우 중요한 의미를 지닌 주택이 있다.

'사보아 주택'이라고 사보아 부부를 위해 지은 별장. 정식으로는 '빌라 사보아'라고 하는데 건축을 배우기 시작하고 르코르뷔지에가 등장하면 제일 먼저 만나는 주택이라고 해도 된다. 건축 전공자 가운데 모르는 사람은 아마 없을 것이다. 그 정도로 유명하다.

근대 건축을 상징하는 듯 순수한 형태, 필로티로 들어올린 흰 상자가 매력적이기도 하지만 동시에 나중에 말하겠지만 그가 제창한 새로운 건축에서 중요한 다섯 가지 요소가 명쾌하게 드러나 있기 때문이다.

1931(1928~31)년에 완공된 주택으로 이미 르코르뷔지에에게는 혁신적인 많은 주택과 프로젝트가 있었지만, 건축 평론가 피터 블레이크Peter Blake는 이렇게 치켜세운다.

> 빌라 사보아로 르코르뷔지에는 젊은 혁신의 영역을 벗어나 '원숙한 거장'의 경지에 발을 내디디게 되었는데(중략), 자기의 신념을 이 만큼 완전하고, 확신을 가지고 힘 있게 피력한 작품은 지금까지 실제로 세워진 건축 가운데에서는 없다고 해도 무방할 것이다.
>
> —다나카 마사오田中正雄·오쿠히라 코조奥平耕造 옮김,
> 《현대건축의 거장》 쇼코쿠샤彰國社, 1967

푸아시는 아무것도 없는 역이었다

빌라 사보아는 푸와시Poissy라는 곳에 있다.

40년 정도 전(1980년 무렵)인가 처음 갔는데 파리에서 열차를 갈아타고 1시간 정도 갔던 것을 기억하고 있다. 파리에서 센강을 따라 서쪽으로 30킬로미터 내려간 곳이다. 주위에는 거의 아무것도 없었다. 역사도 개찰구도 없이 플랫폼만 있고 차표 사는 방

예전에 푸와시는
역 건물도 없고 플랫폼만
있는 시골역이었다.

법도 알 수 없었다.

대학 건축학과 학생들을 인솔해 파리에 간 지 3일째 되는 날, 몇 명의 학생과 '빌라 사보아'를 견학하고 파리로 돌아가는 길이었다.

돌아가는 차표를 사려고, 나는 주변에 있는 마을 사람들에게 파리로 돌아가는 차표 구입 방법을 확인하고 가까운 잡화점에서 차표를 구입했다. 동행한 학생들은 역사도 개찰 출구도 없는데 일부러 살 것도 없다며 열차 안에서 차장이 오면 그때 구입하면 된다면서 느긋하게 차표를 사지 않고 열차에 올라탔다.

당시 파리의 역에는 나오는 개찰구가 없었다. 무인으로, 다

"표를 살 곳이 없어서…"
"차 안에서도 표 팔러 오지 않아서…"
"됐고, 벌금 내세요."

쓴 차표를 상자 안에 넣기만해도 되었다. 그러니 그리 엄하지는 않아서 마음이 헤이해졌다. 학생들은 차표를 사지 않은 채 파리까지 타고 왔다. 그런데 파리 역에서는 때때로 불시에 역원이 나와 표 검사를 하는 때가 있는 모양인데, 마침 운 나쁘게 걸리고 말았다. 세 배 벌금이 부과되었다.

학생들은 푸와시 역에서는 표를 살 곳이 없었다, 더구나 차 안에서도 차장이 오지 않았다고 주장했지만 프랑스 역원은 말도 안 통하는 외지 사람의 우는 소리 따위 듣지도 않고 용서 없이 징수했다. 언뜻 약자에 대한 냉랭함을 느끼지 않은 것은 아니지만…. 아니 애매한 것을 싫어하는 철저한 합리성이 프랑스인다웠다. 새삼 말할 것도 아니지만….

그러고 보니 르코르뷔지에가 스위스 태생의 프랑스인이라는 것은 알아놓자.

세계 끄트머리에서도 보러 온다

이런 이상한 추억이 있는 푸와시의 빌라 사보아였는데, 가보고 놀란 것은 그런 벽촌에 세계 각처에서 이 건축을 보러온다는 것이다. 방문객을 위해서 두꺼운 노트가 구석에 놓여 있고 사람들은 자기 나라의 글자로 흔적을 남긴다. 벌써 몇 권 째인지, 오래된 노트도 놓여 있었다. 보러 오는 이는 대체로 젊은 건축가나 학생들인데, 구미나 일본은 물론 아르헨티나, 튀니지, 이집트, 사우디아라비아, 아프리카의 모르는 나라도 있었다. 그런 곳에, 실례지만, 건축학교가 있기나 한지 여겨질 정도로 세계 끄트머리에서 이 빌라 사보아를 보러 온다. 연 3만 명이라고 한다.

기껏해야 한 변이 20미터 고만고만한 사각 상자이다. 그러나 르코르뷔지에가 제창하고 있는 '새로운 건축의 중요한 다섯 요소'가 아무것도 아닌 상자와 같은 건축 속에 전부 담겨 있다는 것이 고마울 뿐이다. 이 다섯 요소가 이렇게 명확하게 들어차 있는 주택은 아마 없을 것이다. 이것이 어느샌가 '근대건축의 5원칙'이라는 거창한 명칭으로 불렸는데 그렇게 되니 한층 더 그럴

세계 끄트머리에서
이 빌라 사보아를 보러 오는
사람이 연 3만 명이라고 한다.

싸하게 보였다.

'근대건축의 5원칙'이란 다음과 같다.

1. 옥상정원(옥상을 평평하게 해서 쓸 수 있게 한다)
2. 자유로운 평면(실내의 칸막이를 구조의 내력벽에 좌우되지 않고 자유롭게 할 수 있다)
3. 자유로운 입면(외벽을 구조벽으로 하지 않고 조금 안쪽에 기둥을 세운다)
4. 가로로 긴 창(수평으로 길게 늘어지는 창을 낸다)
5. 필로티(대지에 기둥을 세워 건물을 들어올린다)

근대건축의 5원칙

옥상정원

옥상을 평평하게 해서
정원으로 한다.

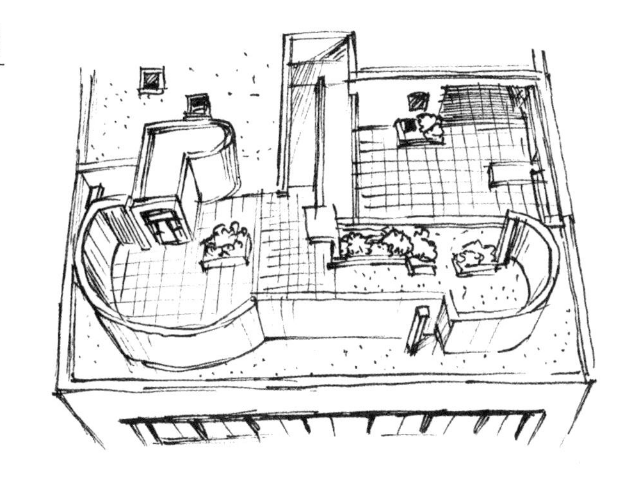

자유로운 평면

실내에 구조벽을 만들지 않고
칸막이 벽을 자유롭게 만든다.

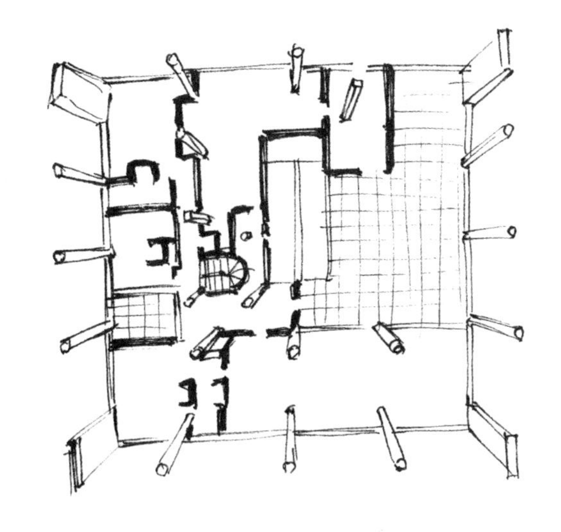

자유로운 입면

외벽에서 조금 안으로 들어간
곳에 구조 기둥을 세우고 외벽을
구조벽으로 하지 않고 그 벽을
자유롭게 디자인한다.

가로로 긴 창

창을 가로로 연속하여
수평으로 긴 창을 만든다.

필로티

건물을 기둥으로 들어올려
대지에 공간을 만든다.

모두 빌라 사보아에서 훌륭하게 실현되어 있다. 이것을 보지 않고서는 건축가가 아니다 라는 지경이 되어, 나도 몇 번이고 참배하러 갔다. 확실히 가 보면 교과서와 같이 명백하게, 20미터 정도의 주택 속에 드러나 있다. 르코르뷔지에는 주택을 여러 채나 지었고 명작으로 칭송받는 것도 있지만 '근대건축의 5원칙'이 이렇게 명확히 드러난 것은 없다. 또 다른 건축에서도 이 '5원칙'이 모두 명백하게 나타난 것은 없지 않을까.

푸와시라는 곳, 이 부근에는 당시 파리 사람들의 주말 주택이 줄지어 서 있었던 모양이다. 빌라 사보아도 그중 하나였다. 예전에는 옥상에서 센강이 잘 보였던 모양인데, 인근 부지에 그 뒤에 세워진 고등학교와 아파트 때문에 지금은 그다지 보이지 않게 되어 버렸다.

얘기는 다르지만 제2차 세계대전 때 빌라 사보아는 상당히 망가졌다. 나치 독일군이 마구간처럼 사용했다고도 한다. 독일군이 진주했을 때, 사보아 부부는 이미 퇴거해 사람이 살고 있지 않았다. 종전 후에도 사는 사람이 없는 이 별장은 이웃 사람들이 맘대로 사용하고 있었는데, 방 하나 가득 풀 말리는 곳으로 사용했다고 한다. 창에는 판자가 못질되어 붙어 있었고 여기저기 금이 간 회색의 콘크리트 상자가 되어 있었다.

그 후 인근에 고등학교가 증축될 때(1959) 푸와시 마을 의회는 황폐해 있는 빌라 사보아를 철거하고 고등학교 부지로 사용하기로 결정했다.

푸와시 마을 의회는 황폐해 있는
빌라 사보아를 철거하기로 결정했다.
르코르뷔지에는 허둥지둥 저지하려고…

그런데 그걸 안 르코르뷔지에는 건축평론가 기디온*과 연계해서 세계 유력 조직과 건축가, 평론가를 끌어들여 반대운동을 전개했다. 그 결과 세계 각국에서 보존운동을 요망하는 의견이 도착하고, 당시 문화부장관 앙드레 말로를 움직이게 한다. 과연 프랑스라고 할까, 역시 빌라 사보아라고나 할까, 내버려두지 않았다.

1962년 앙드레 말로는 프랑스가 국고에서 빌라 사보아를 구입할 것을 결정하고 막대한 돈을 들여 복원하기로 했다. 그 후 1963년부터 복원공사가 시작되어 1965년 프랑스 정부에 의해 문화재 지정을 받게 된다. 하지만 그 해 8월, 문화재 지정 소식을 듣지 못하고 르코르뷔지에는 카프 마르탱 해안에서 수영을 하다가 죽었다.

카프 마르탱에서 자주 수영을 했다고 하는데, 내 인상에 남아 있는 것은 〈르 코르뷔지에와 아일린** 추억의 빌라〉라는 영화 마지막 부분에, 혼자 늘 그랬듯이 헤엄치기 시작하는 장면이다. 이전 르코르뷔지에의 '자살설'을 들은 적이 있어서, 이 장면은 특별히 인상에 남아 있는데 역시 되돌아오는 장면은 없었다.

여담이지만 카프 마르탱과 아일린이라면 아일린이 설계하고

---

* 기디온(Siegfried Gidion, 1894~1968). 스위스 건축가. 근대건축국제회의 서기장. 대표 저서로 《공간 시간 건축》이 있다. 취리히대학, 하버드대학에서 후진 양성, 근대건축의 이론적 지도자로 불린다.

** 아일린 그레이(Eileen Gray, 1878~1976). 아일랜드 출신 인테리어 디자이너. 1927년 E1027 설계. 르코르뷔지에가 질투한 건축이라고 한다.

지은 자기 자신을 위한 해변의 별장이 유일하게 '르코르뷔지에를 질투하게 만든 건축'이라고 한다. 실은 빌라 사보아보다 2년 전에 세운 이 건축에서, 아일린은 이미 르코르뷔지에가 제창하고 있던 '근대건축의 5원칙'을 완전한 형태로 실현했다. 이 건축을 질투한 르코르뷔지에는 몇 년 뒤, 그 별장 내부의 주요한 벽에 프레스코화를 그려 아일린을 격노하게 만들었다. 도무지 믿을 수 없는 광기 작태인데, 그 벽화는 지금도 보존되어 있다고 한다.

문을 열고 들어가는 정면 사진이 없는 것은 왜?

빌라 사보아에 도착해 문을 열고 들어가면 모두들 '응?' 할 것이다.

필로티가 없기 때문이다.

이층집이다.

흰 상자가 떠 있어야 하지 않아?

빌라 사보아를 유명하게 한 '근대 건축의 5원칙' 중에서도 필로티는 유별나게 빛나는 포인트다. 초록색 풀밭 위에 흰 사각 상자를 지탱하고 있는 저 아름다운 기둥이 줄지어 서 있는 필로티는 사진집을 자주 보던 건축가의 뇌리에 새겨 있을 것이다. 그게 없다. 설계도를 잘 분석해서 1층 평면도를 머릿속에 넣어두고 어느 방향에서 보면 어떻게 보이는가를 상정하고 있는 사람에게는 이상하게 보이지 않을지도 모르겠다.

빌라 사보아(르코르뷔지에의 스케치를 모사 가필)
1965년 문화재 지정을 받게 되는데 르코르뷔지에는
그 소식을 듣기 수개월 전, 늘 가던 해안에서 헤엄쳐 나가 돌아오지 않았다.
수리를 마치고 견학자가 늘어난 것은 그 무렵부터라고 한다.

그러나 르코르뷔지에의《르코르뷔지에 전 작품집 VOL 2》의 "빌라 사보아"의 사진만 보고 동경하며 보러 온 사람은 느닷없이 보이는 모습에 위화감을 느낄 것이다. 작품집에는 기둥이 아름답게 줄지어 서 있는 사진은 많이 있지만 문을 열고 들어갈 때 먼저 보이는 2층 건물과 같은 입면의 사진은 실은 게재되어 있지 않다.

그러나 설계도를 잘 봐두지 않은 이쪽이 잘못이다.

르코르뷔지에는 건축의 정면을 어떻게 생각하고 있는가? 공부해두지 않았다. '5원칙'에서 '자유로운 입면'이라고 하지만 그건 '구조 기둥을 외벽에서 안쪽으로 끌어넣으면 외벽의 디자인은 자유'롭게 할 수 있다는 구조적 의미인데, 동시에 근대 건축에는 정면성 따위 고전적인 디자인은 하지 않아도 된다, 자유라는 의미도 있었나? 하고 생각하게 된다.

암튼 하나밖에 없는 정면의 문을 열고 들어갔을 때 어떻게 보이는가 등은 문제가 아니었을지도 모르겠다. 혹은 1층에는 거실이 있고, 보통 이층집으로 보이는 사진은 일부러 낼 것도 아니라고 하는 생각에설까. 다른 삼면과는 너무나도 다르니까.

헌데, 이 이야기를 들은 친구는 "잘 봐, 사진 있어."라고 한다. 다시 확인해보니… 있었다. 작은 사진이 분명히 실려 있었다.

근데 그 사진을 꼼꼼히 보니 정원에 몇 그루 없는 나무를 이용해서 일부러 1층 방 부분을 가리고 있다. 자세히 봐도 1층 부분은 가려 보이지 않다.

그래. 명백하게 가려 있는 것이다.

여기 빌라 사보아?

그럼 왜 숨기려고 했을까.

르코르뷔지에는 흰 상자가 떠 있게끔 만들고 싶었을 것이다. 그러나 요구대로 방을 쑤셔넣어도 수납이 잘 되지 않는다. 2층은 이미 사각四角으로 수납이 되었다. 울며 겨자 먹기로 2층 벽까지 1층 벽을 올릴 수밖에 없었던 것은 아닐까. 다시 말해서 1층의 벽과 2층의 벽을 가지런히 세워 2층으로 보이게 할 수밖에 없었다. 그래서 작품집의 사진에서는 그것을 보여주고 싶지 않았으므로 나무를 이용해서 가렸다고 생각할 수밖에 없는 것인데.

르코르뷔지에에게 '정면'보다 '베스트 앵글'은 정원 쪽에서 바라보는 것일 것이다.

그러나 문제는 르코르뷔지에가 1층의 벽과 창문을 보여주고

1층에서 자는 것이 건강에 좋지 않다면 침실을 만들지 마요.

싶지 않은 이유는 형태 때문으로, 주택도우미를 거기에 머물게 해 뒤가 켕기는 것 따위 털끝만큼도 없었던 것은 아니었나 한다.

1층에도 누군가가 자고 있는 모양이다

문제는 형태가 아니다. 르코르뷔지에의 설명이 희한하다. 《작품집》에는 빌라 사보아를 필로티로 한 이유가 쓰여 있다. 부지가 초지여서, 건강에 좋지 않다. 건강하지 못하다. 습기도 있어서 몸에 나쁘다. 그래서 지상에서 3.5미터 들어올렸다. 다시 말해

건조하고 건강한 곳을 거주하기 위한 공간으로 하고 싶다, 그래서 필로티로 했다고 한다.

그런데 설계도를 잘 보면 문에서 들어와 먼저 보이는 2층 건물의 1층은 침대가 놓여 있는 거실이지 않은가. 1층에는 침실 세 개가 있고 화장실도 붙어 있다. 다시 말해서 훌륭한 거주 공간이다.

누가 자는가?

이 공간은 틀림없이 운전수라든가 주택도우미들의 방이다. 어찌되었든 보통 때는 사람이 기거하지 않는 공간이니 습기가 차 있다. 르코르뷔지에가 말하는 대로 "건강에 좋지 않을"것이다.

이 방을 배치한 것은 건축주의 요망인가? 르코르뷔지에는 건축주의 요망을 확인하고, 1층에 주택도우미들의 방을, 2층에는 건축주의 방을 배치한 것일까. 설마.

아무래도 르코르뷔지에가 자기 생각으로 1층에 운전수와 주택도우미들의 방, 2층에 건축주의 방을 배치했다고 밖에 생각할 수 없다. 하지만 운전수와 주택도우미들의 방을 주인과 함께 전망이 좋은 곳에 배치해야 한다는 말이 아니다. 동급으로 취급해야 한다고 말하는 것도 아니다. 다만 (건강상의 사안을) 태연하게 차별해 두고, 사뭇 자랑하듯 일부러 필로티를 들어올린 것을 정당화한다. 핑계를 댄다. 그리고 아무 일도 없었다는 듯 자만하는 것이 신경 쓰이는 것이다. 건축가잖아요?

파리 역에서 본 역원의 당연하지만 약자에 보여준 냉랭함을 언뜻 생각해냈다.

《아사히신문》에 작가 이케자와 나츠키池澤夏樹 씨의 "르코르뷔지에 전"에 관한 글이 게재되었다. 그 가운데 빌라 사보아를 "이층집이지만 1층은 거의 비워두어 이른바 필로티 형식. 그 때문에 이 건물은 허공에 떠 있는 듯이 보인다."라면서 실제로 가보고, 넓고 밝은 건축이라고 칭찬을 가득 담은 감상을 썼다. 물론 건축을 잘 모르니 평면도를 알지는 못하시겠지만, "허공에 떠 있게 하기" 위해 주택 도우미의 침실이 "습기도 있고 건강에 좋지 않은 곳에" 방 세 개를 넣었답니다 하면 어떻게 생각하실까?

앞에서 피터 블레이크가 막무가내로 치켜세웠던 것을 얘기했는데, 그에 의하면 "1940년에 독일군이 진주해 왔을 때 기꺼이 집을 비워 주었다."라지만 아무래도 사실과 다른 모양이다.

오카다 테츠시(岡田哲史. 건축가, 지바대학 대학원 준교수) 씨의 《카사벨라 자판CASABELLA Japan》* 862호 〈렉처〉에 의하면 "사보아가의 사람들은 지은 지 10년 조금 안 되는 동안 거주하고는 미련 없이 손을 털어버렸다."라고 한다.

"기꺼이 집을 비워 주었다."와 "미련 없이 손을 털어버렸다."는 엄청 다르다.

오카다 씨에 의하면 미련 없이 집에서 나간 이유는 "쾌적하게 살 수 없었기 때문"이라고 하며 "사보아 부인은 르코르뷔지에에게 몇 차례나 쓴 소리를 하고, 소송에 들어가기 직전까지 갈 정도로 사안은 심각해져 있었다."고 한다.

---

* 《카사벨라》는 1928년 창간한 이탈리아의 건축 잡지. 《카사벨라자판》은 일본판

여기서 확실하게 하려고 이 〈렉처〉의 관계자에게 확인하니, 지붕 누수를 포함해서 문제가 많았다는 것은 르코르뷔지에 재단도 정식으로 인정하고 있다는 것이다. 나는 르코르뷔지에 연구자도 아니지만 학자도 아니다. 그러니 사보아 부인이 어떤 요구를 하고 무엇이 받아들여지지 않았는가는 전혀 알지 못하고 알고 싶지도 않다.

그런 것으로 건축을 평가할 수 있을 리가 없고, 하려는 생각도 없다.

확실한 것은 전쟁이 끝나고 나치 독일군이 퇴각한 후, 사보아 부부는 돌아오지 않았으므로, 이웃 주민들이 풀 말리는 장소로 쓰고, 황폐하게 내버려져 있었다는 것은 앞에서도 말했지만, 사보아 부부가 "미련 없이 손을 털어버렸다."라는 것은 진실일 것이다.

그러나 그것이 프랑스의 문화재 지정을 받았다.

건축이 짊어지는 명제가 풀리지 않은 이유다.

그 명제란 "뭘 해도, 뭐가 있어도 결과가 제일 중요한가?"

6

레만호반의 작은 집

레만호반에 지은 '작은 집'에서 어머니 마리는
100세를 넘기면서 36년간 보냈다.

거창하게 말하고 있지만 단순한 초보적 설계 실수잖아요?

'작은 집'을 좋아하는 것은 호사가

'레만호반의 작은 주택'은 '작은 집' 또는 '어머니의 집'이라고 해서 호사가(실례!)들로부터 높은 평가를 받는다. '호사가'라고 예의 없이 말해서는 안 되는데…. 기성 개념이나 속된 상식에 얽매이지 않고 사물의 본질을 꿰뚫어보는 눈을 지니고 있는 '감식가'들이라고 하는 편이 맞는 말이다. 이유는 나중에 얘기한다.

이 집은 '어머니의 집'으로 부르고 있지만 워낙은 르코르뷔지에가 태어난 고향 스위스의 라쇼드퐁에서 지내고 있던 양친을 위해 지은 집이다. 그런데 이사를 하고 1년이 지났을 때 부친이

타계하고 어머니가 100세를 넘기고도 혼자 살고 있어서 그렇게 부르게 되었다.

'어머니의 집'은 르코르뷔지에가 태어난 고향을 떠나 본격적으로 설계를 시작할 무렵인 비교적 초기의 작업으로, 혁신적인 주택을 계획하고 있던 시기였기 때문에 언젠가는 가보려고 맘먹고 있었다.

나는 '작은 집'에 가기 전 프랑스 국경 가까이 르코르뷔지에가 태어나 자란 스위스 시골마을 라쇼드퐁La Chaux-de-Fonds에 들렀다가 '작은 집'으로 가려고 했다.

팔레주택, 라쇼드퐁, 1905

라쇼드퐁에는 '팔레주택Villa Fallet'이라는 르코르뷔지에가 17세일 때 고향 건축가와 설계한 주택이 있다. '팔레주택'은 주변의 어디서나 쉽게 볼 수 있는 주택이다. 목조 마루 부분을 약간 우진각풍으로 가공한 맞배지붕 주택이다. 르코르뷔지에도 처음에는 일견 어디에도 있을 법한 보통의 집을 설계했나보네 하고 의외의 기분이 되었다. 자동차로 시간이 얼마 걸리지 않는 레만호반의 '작은 집'으로 향했다.

가까이 다가서니 새하얀 벽이 눈에 들어와서 바로 "여기다!"하고 금방 알았다.

그런데 벽에 붙은 열린 문 사이로 들어가니 단층의 긴 건물이 있는데 오래된 느낌의 벽은 파형 아연도금 동판의 싱글shingle로 마감해 높은 평가를 받고 있는 것치고는 의외로 싼티가 나서 놀랐다. 어느 정도 알아보고는 왔지만 이 분위기는 '깬다'였다.

르코르뷔지에는 이 재료를 사용한 것에 대해 《작은 집》(모리타 카즈토시森田一敏 옮김, 슈분샤集文社, 1980)에 변명 같은 것을 늘어놓고 있다. 이 책은 이 집을 지은 지 30년이 지나 출판된 것으로, 기록과 에피소드를 르코르뷔지에 자신이 쓴 작은 책이다.

르코르뷔지에의 설명에 의하면 건축비가 대단히 저렴했고 또 파리에 있었기에 지시도 하지 않고 업자에게 맡기다시피 했더니 허접한 콘크리트 블록을 사용했다는 것이다(설계자인데 재료 지시도 하지 않은 것은 부모의 집이었기 때문일 것이다. 보통은 건축가라면 있을 수 없는 얘긴데…). 르코르뷔지에는 하는 수 없이 벽 표면은 그 주변의 산 높은 곳에 있는 농가의 벽에 사용하고 있는 이 싱글로 마감

했다는 것이다.

싼티가 나는 것은 그 때문일 것이다. 그러나 태생적으로 센 사람 르코르뷔지에는 이런 말씀을 하신다. 당시 알루미늄 파형판은 상업용 비행기의 소재였으므로 분위기는 의도하지 않게 '시대의 물결을 탔다'고.

준공 당시는 추측컨대 번쩍번쩍 광채를 띠고 있어서, 기계 좋아하는 르코르뷔지에를 만족하게 했을 것이다. 반대의 호수 측으로 돌아가 봐도 (나중에 말하겠지만) 가로 줄무늬 모양의 엷은 알루미늄 판이 붙어 있다. 이것에 실망한 것은 나만이 아닐 것이다. 보통 건축가라면 흰 콘크리트 상자를 기대하지만 때가 탄 평범한 마감의 외벽을 실제로 보니 맥이 풀리지 않은가.

그러나 호사가는 이런 특별히 눈에 띄지 않는 보통의 것을 좋아하는 모양이다.

혁신적인 제안을 기대한 '작은 집'

'작은 집'은 1925년에 완성되었다(설계를 시작한 것은 1923년).

실은 이 시기, '시트로앙 주택'과 '살롱 도톤'*의 작품, '라로슈 저택', 조금 뒤에는 '빌라 사보아' 등 흰색 인상의 순수하고 심플한 큐빅 형태만 만들고 있었다. 사실 이 시대는 르코르뷔지에

---

* 살롱 도톤(Salon d'automne). 매년 가을 프랑스 파리에서 열리는 미술전람회

의 '백색 시대'라고도 한다. 내부를 보면 작지만 복층거실이 있고, 밝고 큰 창이 있으며 오픈 계단과 램프가 있는 것도 있다. 그러니 르코르뷔지에가 만든 주택은 혁신적인 제안과 개성적인 주장이 담겨 있는 것으로 해석하고 있었으며 기대도 하고 있었다. 그런데 외관은 저속하고 내부는 할머니가 자못 편하게 쉬는 분위기여서 살기 편할 듯한 공간으로 김이 빠진 느낌이었다. 그것도 단층이다.

그러나 '감식가'들은 여기서 주택으로서의 본질적인 살기 편함을 꿰뚫어보시고 계시는 모양이다. 몇 년 후에 만들어진 대표작 '빌라 사보아'처럼 '근대 건축의 5원칙'을 내걸고 허세를 떨며 살기 편함이 느껴지지 않는 주택과는 아무리 봐도 크게 다르다.

'감식가'들이 높게 평가하는 이유 중 하나로, 평면도를 보면 '회유circulate'할 수 있는 것을 들고 있다. 그래서 일상적인 살기 편함이 있다고 한다.

그러나 그런 것은 코어 시스템으로 하면 자연스럽게 만들어지지 않은가? 예컨대 마스자와 마코토增沢洵**의 그 유명한 '코어가 있는 H씨 저택'도 코어 주변을 순회할 수 있도록 되어 있다. 그러고 보니 단게의 자택도 돌 수 있다. 이렇게 말하고 있는 나도, 건축주가 리빙 다이닝LD과 키친과 가사실을 오가고 할 수 있도록 해 달라는 말을 자주 듣는다. 그렇게 하면 자연스럽게 '회

** 마스자와 마코토(增沢洵, 1925~1990). 도쿄대학 건축학과 졸업. 복층거실이 있는 집(자택), 코어가 있는 H씨 저택이 대표작

유'하는 평면이 된다. 다시 말해서 집 안에서 회유하도록 해달라는 것은 일상적인 일이다.

'작은 집'에는 막힌 동선이 없나 하고 잘 살펴보니 바깥으로 나가는 출입구와 지하의 술창고로 내려가는 계단이 있었다. 더구나 방 배치 자체도, 화장실은 침실 반대편에. 80세를 넘긴 할머니에게는 너무 멀다. 조금 더 편리하게 할 수 없었던가. 키친에서 다이닝 테이블까지 가려면 화장실 앞이나 현관 입구를 지나와야 한다. 제법 불편하지 않은가 하고 생각하고 말았다.

더구나 이런 식으로 짧고 편리한 동선을 찾는 근성은 일본의 다이닝키친DK이라는 전후 문화 파괴의 방 배치와 '기능 빈곤'이 몸에 젖어버린 견해라고 '감식가'들이 말할지도 모르지만….

이렇게나 상찬하는 사람도 있다

키친도 베드룸도 욕실도 무척 즐겁게 보여. 주택은 어떤 부분이라도 즐거워질 수 있다고 생각했습니다. 또 그 자신이 제창한 '근대건축의 5원칙(필로티, 옥상정원, 자유로운 평면, 가로로 긴 창, 자유로운 입면)'이 제대로 실천되어 있고 그것이 무리하지 않는 쾌적한 공간을 만들어내는 것이 대단하다고 생각했습니다.

—니시자와 류에西澤立衛,* 〈레만호반의 작은 집〉, 《카사 브루터스Casa Brutus: 르코르뷔지에와 세계유산》 2019년 3월호, 마가진 하우스

뭐, 즐겁다 아니다는 그 사람의 느낌이고 나는 그렇지 않았을 뿐인데, "5원칙이 제대로 실천되어 있고…"라는 것은 좀 아니지 않나? 이것은 잡지《카사 브루터스》에 실린 니시자와 류에 씨의 담화기사이니 니시자와 씨가 직접 쓴 것은 아니지만, 그렇다고 "제대로 실천되어 있고"는 아니다.

애당초 필로티는 없었다. 그것을 말해주기를 바랐다. 나는 애초에 왜 필로티이지 않았나가 의문이다. 이 집보다 3년 전(설계를 시작한 한 해 전)에 발표한 시트로앙 주택(1922)에서는 처음으로 주택에 필로티가 사용된다. 그리고 같은 시기의 소주택 계획안에는 실로 좋은 필로티가 그려져 있다.

그리고 르코르뷔지에는 이런 말을 하고 있다.

"지면 아래에 건물을 묻어 넣어서 뭐가 되나? 만약 반대로 지상에서 들어올려서 건물의 토지 전체를 한 번 더 획득할 수 있다고 한다면?" 다시 말해서 필로티로 하면 그 토지는 "한 번 더 획득할 수 있게 되고 한 번 더 쓸모 있게 되는 것이 아닐까?"라고.

어찌하여 이 집은 필로티로 하지 않고 지하실까지 만들어 지면 아래에 묻어 넣은 것일까? 필로티가 '근대 건축의 중요한 요소(근대 건축의 5원칙)'라고 하면서 가족의 건축에서는 싹 무시하고 지면 아래에 묻어 넣어버리는 것을 보면 속인俗人이야…. 속인이란 말하는 것과 행동하는 것을 예사로 다르게 하는 사람을 이른다.

---

* 니시자와 류에(西澤立衛, 1966~). 요코하마대학 건축학과 졸업. 세지마 가즈요(妹島和世)와 SANAA 설립. 2010년 프리커츠 상 수상

그렇다고 어느 건축이든 5원칙을 적용하라는 것이 아니다. 그럴 수 없다. 다만 자기도 그렇게 하면서 "땅속에 건물을 묻어 넣어 버려서는 뭐가 되나?"는 아니지 않은가.

르코르뷔지에라고 하면 하나밖에 모르는 바보처럼 '5원칙'을 끌어들이는 방식도 가장 큰 문제인지 모르겠다.

여담이지만 여기서 얘기하는 '근대 건축의 5원칙'은 프랑스어 원문에서는 '새로운 건축의 다섯 가지 요소'라고 하는데 일본에서는 누군가가 거창하게 '근대 건축의 5원칙'이라고 했다. 차라리 '근대 건축의 5원칙'이라고 하지 않고 '새로운 건축에 쓰일 만한 다섯 가지의 아이디어' 정도로 해두는 것이 좋지 않았을까? 콘크리트와 구조의 원리를 너무 생각하니 무리와 모순이 생기는 것이 아닐까.

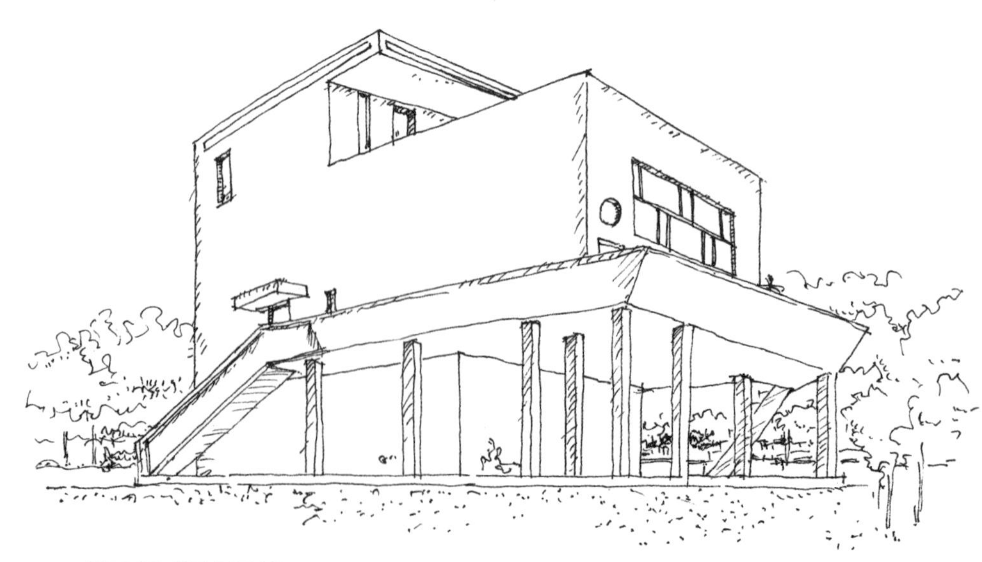

필로티가 처음 등장하는
시트로앙 주택, 1922

"우리 집은 필로티 하지마!"
"위, 마마."

그런데 이 집은 다른 집처럼 부지를 정하고 나서 그것에 맞추어 설계를 한 것이 아니라 먼저 설계를 해 두고 그것에 맞는 부지를 골랐다고 한다. 이른바 주거의 이상형을 마련했을 것이다. 그러니 역시 나이든 어머니에게는 필로티는 무리라는 것일 터이다(이후 '근대 건축의 5원칙'은 후기 고령자를 제외함이라고 해야 한다).

덧붙이면 이 집에서 '5원칙' 가운데 제대로 실천한 것은 옥상정원과 가로로 긴 창, 이 둘뿐.

그러고 보니 나카무라 요시후미中村好文* 씨도 "손댈 데 없고

---

* 나카무라 요시후미(中村好文, 1948~). 무사시노(武蔵野)미술대학 건축학과 졸업. 주택 건축을 중심으로 활동. 저서로 《주택순례》가 있다.

손볼 데 없고"라고 자기 책에서 칭찬하고 계신다. 이것은 "대단히 자잘한 곳까지 신경을 썼으며", "사소한 곳까지 배려"했다는 것으로, 정말이지 나카무라 씨 답다.

나카무라 요시후미 씨는 애초 자기 자신이 지향하고 있는 것이 "… '특별한 것'이 아니라 치레도 하지 않고 젠 체도 하지 않는다. 과장도 위축도 되지 않는다. 무리도 하지 않고 헛됨도 없다. 거기에다 등줄기를 곧게 세운 '보통의 것'"으로 하고 계시므로, 정말 '어머니의 집'에 꼭 들어맞는 부분이 있다는 것일 터이다. (그 대신 만약 나카무라 씨가 '빌라 사보아'를 보러 갔더라면, 들어가자마자 그 필로티 아래의 원호 차선 동선을 따라 U턴해 되돌아갔을 것이다. '빌라 사보아'는 '어머니의 집'의 정반대이니까….)

'어머니의 집'은 나 같은 사람도 일부러 보러 가는데, 식칼을 두는 곳도, 수건을 걸어놓는 곳도 샤워실의 비누 놓는 장소도, 이런 소도구나 소품, 세공품은 기억에 없으며 본 적이 없다. 낙제다. 감식가들이 못 보았을 리가 없다.

그러나 감히 말하건대 나는 르코르뷔지에의 건축에서 그런 것은 기대도 하지 않았다.

주택에서는 무엇을 본다?

나는 '어머니의 집'에서 무엇을 보고 있었던 것일까. 감식가들이 본 것을 나는 보지 않았다?

얘기는 다르지만 이런 것을 떠올렸다.

실은 이전 〈TOTO 통신의 현대주택 병주併走〉라는 연재에서 건축사연구자이자 건축가 후지모리 테루노부藤森照信 씨가 우리 집 '치킨 하우스'에 취재 오셨을 때 부엌과 세면장의 꾸밈을 설명하려고 하는데, 들으려고도 보려고도 하지 않고 "저는 부엌이나 욕실에는 흥미가 없답니다."라고 했다. 주방이나 욕실은 주택의 평가나 가치판단 혹은 흥미나 감상의 대상에 들지 않는 것일까? '어머니의 집'에 후지모리 씨가 가신다면, 뭘 보았을 것인가? 그렇다기보다 가보려고도 하지 않는 집은 아닐까.

'어머니의 집'이 기대에 어긋났던 것은 르코르뷔지에가 하고 있는 것과 말하는 것의 요점을 우리가 맘대로 조립해서 기대를 한 것뿐으로, 실제와의 갭이 기대에 어긋났을 뿐이다.

거기에다 말하고 싶은 것은 감식가들이 르코르뷔지에답지 않다, 르코르뷔지에가 평소에 소리 높여 주장하고 있는 것과는 다른 면을 알아내고는 '역시'라고 감탄하는데 내게는 그 작가의 '답지 못한 면'을 발견해서 즐기는 취미가 없는 것뿐일지도 모르겠다. '답지 못한 면'이나 '의외의 측면'은 있어도 되지만 모르는 곳에서 해 주었으면 하는 것이다.

다만 신경이 쓰이는 것은 '어머니의 집'은 가족의 건축이다. 자택과 같이 진심으로 할 수 있는 건축이다. 외벽 재료도 파리에 있었기에 "몰랐다"라고 할 정도로 신경을 쓰지 않은 건축이다. 그리고 하나 더 카프 마르탱에 아내의 생일 축하로 지었다는 '오두막 집'. 여기에서는 아내가 죽은 후 르코르뷔지에가 죽을 때까지 살았다.

이 두 개의 집에 쏟은 '설계의 마음'은 '빌라 사보아' 등 다른 건축과는 너무 다르지 않은가? '구두집 아이 맨발로 다닌다'로 다된 것이 아니다. 진심이 보이는 느낌이 들기는 하는데….

벽면에 새겨진 큰 균열

그래서 본론.

남쪽 호수 측으로 돌아봐도 외벽에 금속판이 붙어 있었다고 썼는데, 이것은 장식적인 목적이지 외벽의 벽면을 보호하려는 것은 아니다. 이 금속판은 벽에 큰 균열이 생겨 그것을 감추려는 것이었다. 어떻게 하다가 큰 균열이 생겼는가?

이 가늘고 긴 집은 폭 4미터, 길이 16미터. 한쪽의 막다른 길

'어머니의 집' 단면도

을 내려가면 지하실이 술창고로 되어 있으므로 길이 방향으로 단면을 잘라보면 알 수 있는데 전체 길이의 20%가 다른 바닥면적보다 지하실 분만큼 약 2미터 아래로 꺼져 있다. 다시 말해서 지반에 접하는 바닥 면(바닥의 라인)이 모두 같은 높이가 아니라 일부 가장자리가 내려앉아 단이 만들어져 있다. 이것은 보통의 지반에서도 신경을 써야 한다. 부등침하해서 구조적인 문제가 생기기 때문이다. 더구나 엎친데 덮친 격으로, 이 부지의 지반은 레만호의 수위에 따라 지하수위가 바뀐다고 한다. 매년 80센티미터나 차이가 나는 모양이다. 이것은 관리국이 호수의 수위를 조정하고 있기 때문이라고 한다.

거기가 문제인데 놀랍게도 이 현상을 르코르뷔지에는 사전에 파악하지 못했던 모양이다. 그리고 고수위가 되었을 때에는 "마치 물 위에 떠 있는 작은 배와 같은 술창고는 지금은 죽은 아르키메데스의 중대한 발견인 부력을 받아 위쪽으로 밀려 올려 있었던 것이다."(모리타 카즈토시 옮김)라고 시치미를 뗀다.

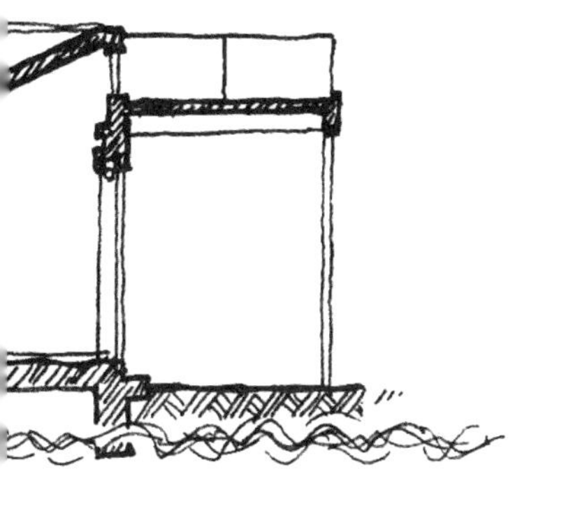

다시 말해 지하의 수위 이하의 부분에는 그 체적분, 하중이 부력이 되어 아래에서 들어올려진다. 그래서 그 지하실 부분만 떠오르려고 한다는 것이다. 이 부력은 땅속에 있는 벽의 마찰, 그러니까 '마찰항'과 같이 주위의 흙에 마찰로 저항하지 않을까 하고 혹

시나 해서 구조기술자에게 알아보니 그런 마찰 저항 등은 논외라는 것이었다. 떠올라 버린다는 것이었다. 그러나 이 명백한 설계상의 하자를, 아무리 양친의 집이라고 하더라도 눈 하나 까딱하지 않는 배짱에는 어이가 없다고나 할까 부럽기조차 하다.

외벽의 표면을 감추면서까지 유네스코 세계유산에 등록할 수 있으므로, 건축의 평가란 어려운 철학보다 어렵다.

호숫가에 지으니 당연히 보링 조사나 재하 실험을 했어야 하는 것은 아닐까? 지반이 지탱하는 힘(지내력)과 동시에 수위의 변화도 간과하고 있었던 것이다. 단면의 형태로 보니, 부등침하는 배려하지 않았던 것은 명백히 초보적인 미스다. 그것을 아르키메데스의 법칙을 끄집어내 연막을 치려고 한다. 참으로 대단한 신경이다. 참으로 강인한 심장이 아닌가.

이것을 알고는 부러워하지 않을 건축가는 없지 않을까. 애초에 본인의 실수, 실패의 원인을 변명을 늘어놓고 설명하려고 하면, 건축주의 노기가 배가 되어 되돌아올 것을 건축가는 알고 있으니….

르코르뷔지에의 이런 일화를 떠올렸다.

어느 집인지 잊어버렸지만(틀림없이 빌라 사보아가 아닌가 추측하는데), 비로 누수가 생겨 르코르뷔지에가 불려 들어갔을 때, 그 집에 가서 누수로 만들어진 물구덩이에 종이배를 만들어 띄웠다는 얘기가 있다.

"설마 그럴 리가"라고 믿지 않았지만, 어쩌면 정말일지도 모르겠다고 생각하게 되었다. 그리고 이런 똥배짱은 거물건축가

르코르뷔지에 선생님 장난치고 있을 때가…

의 필수조건이라고 확신한다.

사족이지만….

결과적으로 필로티로 하지 않아서 잘되었다는 '사건'이 일어났다. 예의 '작은 집'이라는 책에 이런 글이 있다.

> 이 작은 집이 완성되고 나의 양친이 여기에 옮겨 살려고 하던 무렵, 이 지역의 지자체장은 집회를 열고, 이곳에 지어진 이런 류의 건축물은 실제로는 '자연에 대한 모독'에 해당하는 것이 아닌지 주민들과 의논했다.
> 나아가 이 집이 지어진 것 때문에 앞으로 이런 종류의 건물이 몇 동이나 건설되는 것이 아닐까 하고 염려해서 이런 건물이 두 번 다시 모방되지 않도록, 이런 종류의 건물의 건설을 금지했다.
>
> —모리타 카즈토시 옮김

필로티는 어림도 없었던 것이 틀림없다.

르코르뷔지에의 싸움이 시작된 것은 아닐까.

7

아지르 프로탄
Asile Flottant

작자 미상의 센강 소묘 모사

슈퍼스타의 낡은 구두라도 팬으로서는 고맙다?

르코르뷔지에가 리모델링 설계를 한 배

센강에 르코르뷔지에가 설계한 배가 떠 있다.

정확하게 말하면, 2018년 1월까지 떠 있었는데 2월 11일 가라앉았다.

가라앉을 때까지의 복잡한 사정을 되돌아보자.

제1차 세계대전 중 프랑스에서는 석탄 수송을 위해 콘크리트로 배를 만들어 보고 있었다. 철이 부족했기 때문이다.

전쟁이 끝나자 파리 시내에는 난민이 넘쳐났다고 한다. 다리 아래에서 모여 지내고 있던 부랑자들도 겨울이 되자 따뜻한 곳을 찾아야 했다. 전쟁이 끝난 후 방치되어 있던 콘크리트로 만든 선박을 자선단체 구세군이 사들여 여성 난민의 수상 수용소로 개조했다. 그 설계를 르코르뷔지에가 했다. 1929년의 일이다.

이 선박에 대해서는 르코르뷔지에의 전8권 작품집 제2권에 2쪽만 실려 있는데, 다른 곳에서 이것을 작품으로 제대로 다루어 게재한 것을 본 적이 없다. 이것을 모르는 건축가도 많은 듯하다(2002년《카사 브루터스》의 특집 "르코르뷔지에를 찾아가는 모험"에서 파리 건축순례 안내도에 작게, 장소와 적막한 모습이 실려 있기는 하지만). 이 배는 1995년까지 구세군이 관리를 하며 난민 등을 위해 사용했다고 한다. 작품집에 의하면 중학생의 기숙사로도 사용했던 모양이다.

그러나 자금난으로 관리가 곤란하게 되자 센강에 떠 있는 채로 방치되어 있었다. 노트르담 대성당에서 1킬로미터 상류의 좌안이다. 그런데 이것을 2006년에 복원, 재생해 사용하려고 하는 프랑스의 5인 그룹이 나타나, 배를 사들여 보수 공사를 시작했다. 한때 파리의 위험방지조례에 따라 폐선으로 고지되었지만 열정적인 보존 그룹이 강물 속에 들어가 조사한 후, 선체는 쓸 만하다는 것이 판명되어서 복원한 후 사용하기로 했다.

일본에서도 배의 부활에 열정적인 건축가나 건축사 연구자, 평론가가 여기저기 협력해달라고 요청하면서 지원 활동을 하고 있었다.

그런데 2018년 2월, 센강의 수위가 올라갔던 모양인데 저절로 가라앉아 버렸다.

진정 가치있는 작품인가?

《아사히신문》(2017년 8월 15일자)과《요미우리신문》(2019년 7월 4일자)에서도 보도를 했을 정도이니 복원하는 의의는 있는 모양이다. 그러나 나는 썩 내키지 않는다. 정말로 르코르뷔지에 작품으로서 방대한 돈을 들여 복원할 가치가 있는 것인가? 나는 그 가치를 이해할 수 없다. 더구나 가라앉아 있다. 떠 있는 것을 복원하는 것만으로도 돈이 드는데 가라앉은 배를 끌어올려 복원하는 것은 방대한 자금이 필요할 것이다. 스타의 낡은 구두라도 팬에게는 보물이다, 그것과 마찬가지라고 하면 더 얘기할 것은 없지만 그래도 돈이 너무 많이 들지 않나?

"가라앉은 배를… 힘들겠는데요."

마에카와 쿠니오가 사인한 도면이 남아 있다는데…

《요미우리신문》에 의하면 마에카와 쿠니오前川國男가 건축에 관여한 도쿄 록본기에 있는 국제문화회관에서 조성금 1억 8,500만 엔을 냈다고 한다.

마에카와 쿠니오는 1928년부터 1930년까지 2년여 동안 르코르뷔지에 사무실에 가 있었다. 그 무렵 구세군이 의뢰를 해서 르코르뷔지에 사무실에서 설계, 시공을 한 것은 사실이다. 그러나 실제로 마에카와 쿠니오가 얼마만큼 관여했던 것일까. 짧은 재직 기간 중, 어느 정도 의미 있는 일을 했을까. "마에카와의 사인이 있는 도면이 지금도 남아 있다."라지만….

나는 확실한 자료를 얻지 못했지만 국제문화회관이 거금을 냈으니 관여는 했을 것이다. 덧붙이면 마에카와 재직 중 르코르뷔지에의 주된 작품은 '센트로소유즈', '빌라 사보아', '리오데자네이루 도시계획', '문다네움 세계미술관 계획', '스위스 학생회관' 등이다. 르코르뷔지에의 주요한 작품들이다. 마에카와는 이 작품들을 곁눈으로 보면서 선박의 리모델링 도면을 그리고 있었다는 것인가?

빌라 사보아와 동시 진행

이 리모델링은 길이 80미터의 선박에 창과 평평한 지붕이 있는 건물을 입혀, 안에 침대 160개를 배치하는 것이다.

식당과 화장실도 있는데 배 안에 침대 160개를 집어넣으려면 2단으로 빽빽이 배치할 수밖에 없다. 수납도 칸막이도 없는 배 안의 광경은 말 안 해도 부랑자의 난민구제시설 이외에는 생각할 수 없는 상황이었을 것이다.

르코르뷔지에 작품집에는 1929년 작업으로 되어 있는데, 비교적 단기간에 이루어진 공사였다.

파리 시내에는 제1차 세계대전의 난민이 부랑자가 되어 넘쳐났다. 르코르뷔지에에 의하면 부랑자는 센강에 가설된 다리의 아치 아래에 있었던 모양이다. 겨울이 되면 다른 곳으로 옮겨갔다고 한다. 당시 사회 상황은 파리가 구체적으로 어떤 상태였는지, 실제로 거리에서 부랑자들이 눈에 띄었는지, 상상할 수밖에 없다.

이렇게 말하는 것은 르코르뷔지에는 부랑자들을 위한 이 시설을 설계하면서 같은 해(1929)동시에 '빌라 사보아'에 착수하고 있었기 때문이다. 파리의 거리에 부랑자가 넘쳐나고 있었다면 '빌라 사보아'가 세워지는 푸와시까지 파리 거리의 부랑자를 한쪽 눈으로 보면서 약 한 시간 자동차로 오갔단 말인가. 푸와시 현장에서는 푸르고 광대한 부지에 필로티로 들어올려진 근대 건축을 대표하는 흰 상자의 집을 짓고 있었던 것이다.

파리 거리로 되돌아오면, 배의 공사 현장에서는 여성용 침대 160개를 칸막이도 없이 배치하지 않으면 마무리되지 않는다. 이 현실을 눈앞에 두고 르코르뷔지에는 무엇을 생각하고 있었을까 생각해본다.

건축가가 항상 이런 모순이라기보다 사회적 낙차, 차이와 싸워야 하는 것은 직업의 업보일지도 모르겠다. 아마도 배의 수용시설 공사를 먼저 수주하고, 도중에 '빌라 사보아'의 설계가 들어왔을 것이다. 이 사회적인 모순이나 낙차를 메우는 것은 건축가의 일이 아니라고 하면 채널을 바꾸어버리듯 기분을 되돌려 주문자의 요구에 응해야만 한다. 어쩔 수도 없는 것일 터이다. 자세를 초지일관하고 사회의 모순은 절대 받아들이지 않고, 모순 없는 일을 고르는 건축가는 몇 명이나 될까.

작품집에 2쪽밖에 발표하지 않았던 것은 르코르뷔지에의 복잡한 마음의 표시일까. 아니면 르코르뷔지에는 그따위 '자잘한 의문' 등에는 신경을 껐던 것일까. 그렇다면 '2쪽으로 충분'한 일이었나?

때마침 '아지르 프로탄' 설계와 거의 동시 1929년에 침대 5~6,000개의 숙박소 일이 들어왔다. '파리의 피난수용시설'이다. 구세군본부에 있다. 그 거대한 일에 비하면 이 선박 개조 설계 따위는 공사현장의 가설현장사무소와 같은 가벼운 것이었던 것은 아니었을까.

그래도 무리를 해서 가치를 두는

그런데 '아지르 프로탄'을 가치 있는 작품으로서 방대한 자금을 들여서라도 복원하고 부활하게 하려고 하는 후원자의 건축가들은 다음과 같이 말하고 있다.

"부르주아 주택인 빌라 사보아와 반대로 아지르 프로탄은 난민이나 저소득자를 위한 가설주거이지만, 르코르뷔지에가 그것을 구별하지 않고 건축이론(근대건축의 5원칙)을 실천하고 있는 것은 흥미롭다."

이건 무슨 얘긴가?

이 선박의 개수공사에서도 '근대 건축의 5원칙'을 장려하고 있다는 것이다.

가령 '근대건축의 5원칙'의 하나인 필로티인데, 침대가 배열

"하안과 배 사이가 필로티!"
"하하하 그건 아니잖아!"

되어 있는 방에 지붕을 지탱하는 둥근 기둥이 몇 개 서 있다. 이것을 필로티라고 부르는 모양이다.

아닌데.

필로티는 대지에 서서 건물을 지탱하고 있는 것이 아닌가. 배 안은 평평하지만 지탱하고 있는 것은 지붕이다.

그러나 후원자의 건축가는 "필로티가 대지를 개방한다고 하면 여기는 누구에게도 열린 공동 침실"이라고 하신다. 그렇게 말은 했지만 후원자에 의하면 "(필로티가) 지면과 분리한다는 의미에서는 하안과 선박 사이야 말로 필로티다."라고도 할 수 있다고 한다.

왜 그런 해괴한, 말도 안 되는 소리를 하는 것일까. 뭐가 뭔지 모르겠다.

또 '5원칙'의 하나, '가로로 긴 창'도 있다고 한다.

16.5미터의 긴 창이 좌우에 세 개씩 배치되어 있다.

안에서는 2단 침대의 위쪽 침대에 올라가 손을 뻗으면 닿을락말락하는 곳에 '하이 사이드 라이트'로서 창이 분명히 있다.

후원자의 건축가는 이 창이 "특유의 표정을 만들어낸다."라고 한다.

'가로로 긴 창'은 과연 르코르뷔지에의 '중요한 5가지 요소'의 하나로, 빌라 사보아에도 있다. 그러나 르코르뷔지에는 그저 가로로 연속하고 길면 된다고 하는 것이 아니라 그 높이 등 분위기를 고집하고 있다. '어머니의 집(작은 집)'에서는 가로로 긴 창을 새삼 소중히 하고 있다.

이 집에 일종의 우아함을 주고 있다. 이것은 집이라는 것이 짊어져야 하는 역할에 대한 하나의 혁신일 것이다. 이 창은 이 집을 형성하는 기본 요소가 되고, 이 집의 주역이 되고 있다.

—모리타 카즈토시 옮김

이렇게까지 말하면서 가로로 긴 창의 중요함을 강조하고 있다. 그리고 창문턱의 높이, 인방의 높이에 신경을 쓰고 있다는 점도 쓰여 있다. 가로로 길다고 해서 '가로로 긴 창'이라고 하는 것은 역시 곤란하다.

이 배의 높은 곳에 붙어 있는 가로로 긴 창은 거기에 그렇게밖에 할 수 없었지 않았을까. 그러니 당연히 '가로로 긴 창'이 되니 물리적인 형태로는 인정하더라도 '5가지 요소'의 '가로로 긴 창'과 연결하는 것은 좀 그렇지 않은가.

자유로운 평면, 자유로운 입면

나아가 자유로운 평면, 자유로운 입면도 여기에서 실현하고 있다고 기술되어 있다. 이처럼 '근대 건축의 5원칙' 모두를 이 배에서 실현하고 있다고 하면서 소책자를 만들어 배포하고 있다.

이 5가지의 요소는 르코르뷔지에의 근대 건축에 대한 중요한 사상이라고 해도 좋은 생각이나 기술적인 것을 말한 것이어서, 단순히 형태와 연결해봐야 의미가 없는 듯이 보이는데.

어찌해서 이렇게까지 해서 가치를 부여하려고 하는 것인가?

아니 백보 양보를 해서 작품의 가치를 찾아내고 계시는 것에 이 이상 입을 대는 것은 조심하겠는데, 적어도 '근대건축의 5원칙'을 들먹거리는 것은 적당한 이유라고는 생각되지 않는다.

사족이지만 센강의 수위가 올라갔을 때 절단되듯이 가라앉았다고 한다. 그러나 이것을 인양해 다시 살려 놓겠다는 것이란다. 떠 있는 것을 복원하는 것보다 몇 배나 더 비용이 드는 것은 불을 보듯 뻔하다.*

나는 적어도 지금까지 말한 대로 가치는 없다는 생각이지만.

그것보다 그 자금의 몇 분의 1인가로 마무리할 수 있으니, 국립서양미술관의 옥상이 사용되지 않는 것에 대하여 '옥상정원'으로 정비해 르코르뷔지에의 근대건축의 중요한 요소로서 우에노의 숲에 되살리는 편이 훨씬 더 좋다는 생각이다.

---

* 아지르 프로탄 부활 프로젝트 조직이 2020년 10월 19일 다시 센강 위로 끌어올렸다.

8

규준선 / 트라세 레귤라퇴르

Tracé Régulateur

"왜 규준선을 긋습니까?"
"Corbu 맘이지."
"Corbu라니?"
"내 별명이야, 불어로 까마귀를 'Corbu'라고 해."

무엇을 위해 규준선을 긋습니까?

왜 규준선을 그려서 외벽의 디자인을 결정하는가?

르코르뷔지에는 건축의 입면도에 '선'을 그어 외벽의 모습을 정한다. 그 선을 '규준선'이라고 한다. 연구자들은 보통 불어로 '트라세 레귤라퇴르Tracé Régulateur'라고 하는 모양이다. 이 선은 모듈러와도 깊은 관계가 있는 듯한데, 알기 어려운 상대다.

이것으로 박사학위 논문을 쓴 사람이 있을 정도로, 심오하고 레벨이 높은 내용인 모양이다.

규준선은 르코르뷔지에가 고안한 것으로 입면도가 나타내는 외벽의 면에 어떤 규준을 정한 선을 그려 그것을 규준으로 창이나 문, 처마 등 건축의 요소가 되는 것의 위치나 형태를 결정해 가는 것인 듯하다.

나는 이 부분을 잘 모르는데 애초부터 규준선이 입면도를 결정하기 위한 수단인지 확실하지도 않다. 수단이 아니라 르코르뷔지에의 마음속에 있는 기하학적 논리성 또는 수학적 엄정함의 미학을 선호하는 한 부분인지도 모르겠다. 자신이 없다.

르코르뷔지에의 책에서 자주 보는 그림은 1922년 '메종 아뜰리에 오장팡Maison Atelier Ozenfant'과 1923년의 '라로슈 잔느레 주택'의 입면도에 그려진 그림인데 규준선 그 자체를 시작한 것은 그보다 이전인 1917년 무렵, 라쇼드퐁에서 설계를 하고 있을 때 이미 시도하고 있었던 모양이다.

선을 무엇에 따라 긋는 것일까. 그 규준이 모듈러처럼 도통 알 수가 없는데, 잘 모르면서 언급하는 것은 르코르뷔지에를 비롯해 연구자나 신봉자에게 실례가 되니 그만두려고 했지만 어떤 일이 있어서 역시 한마디 해 둘 필요가 있다고 여겨서 감히 언급하기로 했다.

'어떤 일'이란 세미나에 가서 의문을 느낀 일이다.

〈르코르뷔지에: 회화에서 건축으로-순수주의 시대〉라는 세미나인데, 강의한 국립대학 명예교수의 설명에 대단히 놀랐기 때문이다.

세미나에서 강연자는 르코르뷔지에가 그렸던 순수주의 시대의 그림과 주택의 입면도를 제시하고 거기에 그려진 규준선을 보여주면서 설명했다. 그림에도 규준선이 사용되어 있는 것이다.

그림은 르코르뷔지에가 순수주의 시대에 자주 그리던 예의 물병이나 악기가 놓여있는 정물화였다. 그림 속에 뭔가의 규준에 따라 선이 그려 있고 그것에 따라 그림의 구도가 결정되었다는 얘기였다. 그리고 건축은 규준선이 그려진 주택의 입면도를 보여주면서 그 선의 교차와 길이에 맞추어 창이나 문의 위치, 크기가 결정되어 있다고 설명했다.

물론 나는 규준선이 해설되어 있는 책 몇 권을 가지고 있지만, 뭐가 뭔지 모를 말과 수식의 나열에 몇 줄도 읽지 못하고 멈춰버린다. 그런 점에서 이런 세미나는 어려운 것은 생략하고 있어서 조금은 알기 쉽다.

입면도가 그려진 규준선을 보면 건축의 외곽 좌우를 기점으로 하고 대각선처럼 위로 올라갔다가 최상부에서 직각으로 사선을 긋는다. 그리고 외벽과 만난 곳이 창의 기점이 되어 거기에 창이 만들어진다.

—그래서 어쩌라구…?

규준선은 이것뿐 아니라 외벽면에 몇 줄 그려 있는데, 비스듬히 위로 그린 선이 뭔가와 만나면 직각으로 내려가고, 그것이 뭔가와 만나면 직각으로 올라가서 그리고 뭔가와 만나면 그곳이 창의 모서리가 된다.

— 그게 어떻게 그렇게 되나…? 이해 불가능이다.

외벽의 가장자리에서 시작하는 선은 이 각도에 어떤 의미가 있는 것일까. 대각선도 있는데 그 외에도 많다.

이것은 어쩌면 거꾸로가 아닐까? 하고 생각했다.

"어떻게 하면 규준선을 그릴까를 알고 있어?"
"모르긴 해도 선 그리는 것을 좋아하는 거잖아?"

그것은 르코르뷔지에가 애초에 감성으로 아름다운 입면도를 그려 두고 그 창이나 문의 위치를 선으로 확인해보니 훌륭하게 어떤 법칙 다시 말해서 '규준'을 따르고 있다는 얘긴가?

건축사 연구자가 예전의 건축의 향과 배치에 뭔가의 약속이 감추어져 있는 것을 발견하고 즐거워하는, 그런 부류인가도 생각해보았지만 명예교수의 설명은 그렇지 않았다.

어디까지나 르코르뷔지에는 규준을 먼저 결정하고 창과 문은 그것에 따라 배치한다는 것이다.

규준선의 근거는 무척 어려운 모양이다

그 규준선이 그려지는 기점이 외벽의 모서리라는 근거 설명은 해주지 않는다. 그리고 거기에서 그려지는 각도의 근거도 설명이 없다. 좌우 위의 끝과 아래의 끝, 다시 말해서 면의 대각선이 되어 있는 것도 있지만 그 근거는 모른다. 설명을 하자고 들면 대단히 고도의 수학적, 수비적인 이론이 될 것이다. 그리 간단하게는 설명할 수 없는 모양이다. 아무튼 박사학위논문이 될 정도이니까.

다만 그 선이 어딘가에 부딪혀 직각으로 꺾이는 것은 르코르뷔지에가 직각이라는 것에 꽂혀 《직각의 시》라는 책을 낼 정도이니, 뭔가 중요한 의미가 있을 것이라고는 나도 상상할 수 있다.

얘기는 그림에서 구도를 정하는 방법과 건축의 외벽 디자인

정물, 잔느레, 1920

의 결정과 연관이 있으며 규준선과 입면도의 내용이 일치하고 있는 것을 보여주고는 "봐, 기가 막히게 들어맞잖아."라고 하는 것으로 끝났다.

세미나라고는 하지만 젊은 건축가뿐 아니라 나이 든 분도 계셨다. 30~40명은 있었을 것이다. 모두 잠자코 듣고 있었는데 "알아들었단 말인가?" 의문이 들었다.

모두들 꽤 예비지식을 가지고 있었단 말인가? 예비 지식이 없으면 알 수 없는데….

나는 반드시 물어봐서 납득을 해야 하는 사람이라, 무지의 부끄러움을 참으면서 손을 들었다.

"그림에 규준선을 그어 그것에 맞추어 구도를 결정하는 것은 르코르뷔지에 맘대로이지만, 건축, 특히 주택의 경우 창이나 문의 위치나 크기를 결정하는 것은 주택에는 그런 규준선보다 더 중요하고 필요한 결정 요소가 있는 것은 아닌가? 그것을 무시하고 왜 규준선에 맞추어야 하는 것인가?"

그렇게 물으니 무시무시한 대답이 되돌아왔다.

"아니, 20센티미터 정도 비켜 놓으면 규준선과 만나니 다소 조작하면 맞출 수 있습니다."

"20센티미터라고 간단하게 말씀하시지만 주택의 창 높이에서 20센티미터는 꽤 큰 값입니다."

"아니 높이가 아니라 수평으로 이동하면 됩니다. 그것도 실제로는 5센티미터 정도…"

이거 안 되겠네. 다른 손님에게 폐가 되면 안 되니까, 더 이상의 질의 응답은 그만두고 일어섰다. 왜 "이거 안 되겠네."라고 느꼈나 하면, 이 명예교수는 주택을 설계한 적이 없는 그러니까 건축가가 아니라 학자라고 생각했기 때문이다.

그렇다고 해도 어이가 없다.

르코르뷔지에가 기계나 파르테논 신전에 흥미를 가지고 있었다는 것은 유명하다. 그것은 거기에 있는 '수학적인 아름다움'을 좋아했기 때문이며, 거기에 '엄밀함'이 있었기 때문일 것이다. 거기에서 생겨나는 숫자와 비례에 대한 흥미의 추구이면서 이성적 아름다움의 추구였기 때문이다. 그러니 건축주의 일상적인 조건이나 계획학적 요구와는 양립하는 것이 아니지 않을까.

순수한 연구자들은 그것을 알고 어떻게 생각하는 것일까.

규준선 중에는 되풀이 하지만 꽤 복잡하고 난해한 숫자와 비례에 관한 이론이 존재하고 있다. 연구자로서는 연구해볼 가치가 있는 것일지도 모르겠지만, 건축가로서 이것을 이해하고 일상적으로 잘 사용하고 있는 사람을 나는 본 적이 없다.

규준선을 사용한 건축과 사용하지 않은 건축은?

도대체 왜 규준선을 사용하는가? 무엇을 위해 사용하는가?

실은 이 기본적, 초보적인 의문의 해답은 얻지 못했다.

물론 이것은 '아름다움'을 위해선데, 예를 들면 라로슈 잔느레 주택. 이 건축은 광대한 대지에 세워진 것이 아니다. 오히려 골목길 같은 접근로의 안쪽이다. 그렇다면 이 입면을 보려면 충분히 거리를 두어야 하는데, 골목길 안에 있어서는 그림처럼 깨끗한 면을 볼 수 없다. 다시 말해서 아래에서 올려다보게 되니 부자연스러운 각도가 생겨 창도 모두 바라보이는 거리가 다르다. 그러한데 뭔가 어려운 수식을 풀어서 얻은 듯한 미묘한 수치가 과연 어떤 의미가 있는 것일까. 이해를 할 수 없다.

유명한 곳에서는 롱샹성당의 외벽면. 그 유명한 크고 작은 창이 뚫려있는 이른바 '비젼 윈도우'. 크고 작고, 형태도 다른 작은 창의 위치는 이 규준선으로 위치가 결정된 모양이다. 입면도에 선이나 기호가 잔뜩 쓰인 도면이 발표되어 있다. 그 규준선이 다른 주택에 그어진 선과 꼭 같은 것인가는 모르겠지만 암튼 위치나 크기는 뭔가의 계산으로 나온 수치인 모양이다. 르코르뷔지에의 감성으로 임의로 결정한 창은 아닌 모양이다.

아무리봐도 르코르뷔지에라면 이 정도의 창 배치는 감성만으로 결정할 수 있을 거라고 생각하는데.

만일 르코르뷔지에가 감성으로 그린 창과 뭔가의 계산 수치로 그려진 창과 둘을 함께 놓고 본다고 해도 내게는 구별이 되지 않을 것이다. 맘이 놓이지 않는다. 다들 알고 있을까?

도리어 그 안을 알 수 없는 르코르뷔지에의 뇌 속에서 만들어낸 것이 아니라 수치 계산에 의해 만들어낸 결과라는 것을 알고서는 시큰둥해지는데….

그런 문제가 아니라 내가 전혀 엉뚱한 헛다리를 짚고 있는 것인가?

결국 단순히 '수치계산 오타쿠'인 르코르뷔지에에게 휘둘리고 있는 것일까?

어느 연구자의 문장에서

> 빌라 사보아에서 뭐라고 말로 표현하기 어려운 감동을 받는 것은 일종의 긴장감을 동반하고, 기하학적 관계와 수적 관계에 의해 규정된 것이기 때문이다. 다시 말해서 이 '규준선'에 따라 있기 때문이다.
>
> —《유레카》, vol 20-15

라는 의미의 문장을 읽은 적이 있다.

빌라 사보아가 이 '규준선'을 사용해 형태가 결정되었다고 하는데 어떤 법칙의 규준선이 어디에 어떻게 사용되었는가? 부끄럽지만 모른다. 그 창턱이나 창의 높이, 창호 간격, 필로티의 높이와 전체의 폭은 규준선으로 결정된 것인가….

그래서 "뭐라고 말로 표현하기 어려운 감동"과 "일종의 긴장감"이 규준선 덕택이라고 하니 "증말?"이라고 할 수밖에. 생각이 모자라는 녀석이라고 할지도 모르겠지만 도리어 조금 안 됐다는 느낌이다.

그것보다 빌라 사보아는 규준선에 의해 만들어진 모습이라고 하는데, 그렇다면 사보아 부부가 소송을 걸려고 할 정도로 살기 힘들고 사용하기 힘들어서 일찍이 손을 털고 떠나버린 것과 관계는 없는 것일까…?

르코르뷔지에가 규준선을 적용해 설계를 시작한 것은 라쇼드퐁에 있을 때인 1917년 무렵이라고 한다. 다음은 1922년 '메종 오장팡 아뜰리에'다. 그렇다면 다음 해의 '어머니의 집'에서 저레만호에서 보이는 입면에는 규준선을 사용했던 것일까?

그 집의 창에 대해 이런 말을 남기고 있다.

> 집 안으로 들어가 보자. 길이 11미터의 창은 이 집에 일종의 우아함을 주고 있다. 이것은 창이라는 것이 의도하는 역할에 대한 하나의 혁명일 것이다. 이 창은 이 집을 구성하는 기본 요소가 되고 이 집의 주역이 되어 있다.
> 이 집의 내부 공간을 결정하는 프로포션을 바라보자. 예를 들면 창턱의 높이, 인방까지의 높이, 커튼의 사용 방법, 매우 가느다란 지주, 예의 비범한 가로로 긴 개구부 등.
>
> —모리타 카즈토시 옮김

이렇게 자랑하는 창이 수치 계산에 의한 규준선으로, 자동적으로 결정되었다고는 생각하지 않으며 혹은 규준선이라는 증거가 있었다면 '흥을 깬다' 라는 말 이외 다른 말을 할 수 없다.

그런 게 아니라면 어머니가 살기 쉽도록 하기 위해 이 집에서는 사용하지 않았다? 그러면 대체 어떤 건축에 사용하고 어떤 건축에는 사용하지 않는 것인가? 그 이유를 알 수 없다.

요컨대 '모듈러'와 마찬가지로 납득하지 못한 채 봉인해 둔다.

9

『여담』 건축주·작품·건축가

"말하고 싶은 게 그게 다인가?"

건축에서 건축주는 거추장스러운 존재

건축주는 설계의 수단

르코르뷔지에가 파시스트, 무솔리니에게 접근한 것은 잘 알려져 있는데 별다르게 생각할 것은 아니다. 르코르뷔지에는 건축주라는 것을 대체로 단적으로 설계의 수단으로 생각했을 뿐이다. 그것도 나중에는 귀찮아할지 모르지만….

1930년대, 르코르뷔지에는 이탈리아에 접근하려고 계획했다고 한다. 이탈리아에서 도시계획 일을 따고 싶어 했는데, 그러려면 '권력'에 가까이 다가가야 한다고 생각하고는 무솔리니를 만나려고 측근에 붙어 공작을 한다. 그러나 아무리해도 성사가 되지 않았다. 로마에 머물며 만날 기회를 계속 찾았지만 만날 수 없었다. 자신의 저서와 도시계획안을 무솔리니에게 보내고 로마에서 강연회를 기획하면서 접근하려고 했지만 유익한 반응을 볼 수 없었다고 한다.

결국 이탈리아에서 르코르뷔지에의 도시계획은 실현되지 않았다.

건축가에게 건축주는 무엇인가? 건축주는 '수단'이다. 그러나 나중에는 '귀찮은 존재'가 될 수도 있다. 르코르뷔지에는 그렇게 생각한 것뿐이다.

건축주는 건축가가 자신의 이념이나 미학을 실현하는, 요컨대 건축을 설계하기 위한 단순한 '수단'이다.

이렇게 말하면 일을 건축가에게 의뢰하는 건축주는 화를 내겠지.

"어림도 없어, 뭐라는 거야!"하고 분개하며 "건축주는 손님이다. 그러니 건축가를 부려 그들의 능력을 끄집어내어 이용하는 것은 이쪽이다."라고 할 것이다.

반 이상의 많은 건축사들이 그것에 동의할 것이다. 손님을 만족하게 해 즐거워하는 것이 소망이라고. 그러나 한 줌의 건축가들은 그렇게 생각하지 않는다. 나도 그 중 한 사람이다.

건축주란 건축가가 자신의 건축이념을 실천하는 단순한 수단이라고 생각하고 있다.

건축가에게 건축주는 반드시 있어야 성립하지만 때로는 귀찮은 존재다.

설계를 시작하게 될 때에도, 설계 내용에 관여하는 방식으로서도, 그 후에 일어날 문제에서도, 어떠한 장면에서도 건축 작품의 질을 좌지우지하는 중요한 존재인데 건축주의 대응에 건축가의 본질이 나온다.

르코르뷔지에는 그것에 대하여 예사롭지 않은 힘이라고 할까, 배짱을 지니고 있었던 것이다.

일을 따는 것

대학 건축학과에서 학생들을 가르치고 있을 때 학생들이 자주 이런 질문을 했다.

"건축가로서 가장 중요한 능력은 무엇입니까?"

"일을 따오는 능력입니다."

"…"

학생은 어처구니없다는 얼굴을 하고는 사라졌다.

다른 선생님들은 구상력이라거나 공간을 창조하는 능력, 조형력 등으로 대답한 모양이다.

나는 그 무렵 일이 없어서 공모전에 응모만 하고 집에서 돈을 받아쓰고 있었으므로 사무실을 계속하려면 어찌되었든 일을 따야 했다. 일이 없으면 구상력도 조형력도 있어봐야 쓸모가 없다.

그러나 내게도 일평생 맘에 걸리는 말이 있다.

대학에 들어갔을 때 주임 교수의 인사말이다.

'도쿄타워'의 설계자로 구조역학의 권위자 나이토 타추内藤多仲* 교수가 이렇게 말했다.

"건축가는 '설계를 하게 해주세요' 하면 안 된다. 설계는 '해주세요' 하고 부탁을 받는 일이다."

그러니 나는 무슨 일이 있어도 일을 얻으려고 머리를 수그릴 수 없었다.

그런데 그 유명한 단게 켄조가 머리를 수그렸다.

1964년 도쿄올림픽의 '국립요요기옥내종합체육관'을 단게 켄조가 설계하고 있었는데 예산을 훨씬 오버해서 여러 곳에서 두들겨 맞고 있었다. 어느 주간지가 이런 의미의 기사를 써서 야유했다.

"그 유명한 단게 켄조 도쿄대학 교수가 멀리서 걸어오는 사람들에게 꾸벅꾸벅 인사를 하고 있었다. 보니 건축주(도쿄도의 간부)였다."

단게 켄조가 거기에 대해 이렇게 말했다.

"나는 건축에는 머리를 수그리지 않아."

과연… 으스대면서도 설계에서 타협하거나 건축에서 일관성이 없는 건축가에게 한 말일 것이다. 뒤집어 생각하면 건축주는 문제가 없다. 문제는 건축이다. 건축주는 일을 따기 위해 이용한 것뿐이라는 것이다.

---

* 나이토 타추(内藤多仲, 1886~1970). 도쿄대학 건축학과 졸업. 건축구조학자. 내진구조 전문가. 도쿄타워, 나고야티비이탑 등의 철탑을 설계. 탑 박사라고도 한다.

르코르뷔지에는 '무솔리니 접근 계획'의 이십 수 년 후, 도쿄의 '국립서양미술관'의 기본 설계를 하게 된다. 이것은 이 책의 맨 앞에 다루었으므로 읽어보시기를 바라는데, 그가 보내온 기본 설계도에는 미술관 주변을 포함한 종합계획안이 첨부되어 있었다. 현재의 '도쿄문화회관'이 건설되기 전으로 우에노 공원 일대에 '야외극장과 전자시대에 걸맞은 공연을 할 수 있는 실험극장'을 만드는 종합문화계획안이었다.

속된 말로 들이미는 것인데, 요컨대 제안이다. 그러나 그렇다고 해도 프리핸드 스케치 몇 장과 학생이 만든 듯한(아니, 학생이 훨씬 잘 그리지만) 간단한 모형을 찍은 사진 몇 장, 이런 것으로 꼭 이것을 만들라고 어필한 것이다. 물론 르코르뷔지에가 깊게 생각하고 짜낸 안이라는 것은 이해를 할 수 있지만, 건축주에게는 통하지 않았다.

시대도 시대이지만 역시 르코르뷔지에가 제안한 것이니 하고 일본이 움직여 줄 거라고 생각한 것일까. 과연 대단한 자신감이지만 문부성의 담당 공무원들은 "얕보인 것"이라고 생각한 것이 틀림없다. 더구나 도면 몇 장과 모형사진으로 된 국립서양미술관의 기본설계에 당시의 건축가협회가 설정하고 있는 약 10배의 설계료가 이미 지불되어 있었기 때문인지 일본에서는 협의된 흔적은 없다.

대단한 르코르뷔지에 선생님도 무시된 것이다. 일본의 공무원에게는 통하는 말은 아니었던 것이다. 일본의 보통 건축가라면 일을 따려고 '어필'을 할 때에는 엄청난 힘을 쏟는다.

건축가가 일을 딸 때의 얘기는 얼마든 있다.

현대 건축의 3대 거장 중 또 한 사람. 프랭크 로이드 라이트는 멋있었다.

영화 얘기다.

라이트가 모델인 〈마천루〉라는 영화가 있다. 그 영화의 첫 장면이 인상적이다.

라이트는 커다란 도면을 말아 들고 기업에 팔러 다닌다. 그것을 큰 테이블에 펼쳐놓고 설명한다. 영화 장면이므로 통상 있을 리 없는 광경이지만 말하고자 하는 것은 전해온다. 라이트의 주장을 듣고 있던 사장이 조금이라도 난색을 표하면 라이트는 주저하지 않고 싹싹 도면을 말아서 나와 버린다. 그리고 다른 기업으로 간다. 거기에서 건축가의 긍지를 본 듯해서 속이 후련하다.

전쟁 끝나고 아직 얼마 되지 않은 때, 일로 비행기를 타는 사람은 기업의 높은 분밖에 없었을 때, 어느 건축가는 한 여름이라도 상하 흰색 린넨 양복을 입고 비행기로 오사카와 도쿄를 몇 번이나 왕복하고 있었다. 그러는 사이 자연히 경영자들 사이에서 화제가 되어 "저건 뭐하는 녀석인가?"하고 입소문을 타서 기업의 일을 하게 되었다고 한다. 만화 같은 얘기지만 실화다.

또 유명한 건축가의 젊은 시절의 얘기.

어떤 사람의 소개로 다나카 카쿠에이田中角栄 수상에게 일을 알선해달라고 부탁하러 갔다. 그러자 첫마디가 "자네, 돈 줄 수 있나…?"라고 했단다.

그럼, "건축가는 설계를 하게 해주세요 하면 안 된다."라고 한 나이토 타추 교수는 어땠나?

관동 대지진으로 도쿄의 건물이 모두 무너졌다. 그런데 도쿄역 가까이에 나이토 교수가 세운 '일본흥업은행日本興業銀行' 건물 한 채만 무너지지 않고 덩그러니 남아 있었다. 저 건물은 누가 설계했나? 하는 얘기가 퍼져, 구조설계자 나이토 타추 교수에게 의뢰가 쇄도하게 되었다고 한다.

'정당'하게 일을 따는 방법으로서 물론 공모전이 있다. 예전에는 공모전이 젊은이의 등용문이었다. 공모전에서 상을 타면 신데렐라처럼 치켜세워져 일이 많이 들어왔다.

하세가와 이츠코長谷川逸子* 씨는 '쇼난湘南문화센터'에서 1등이 되고 스타 건축가의 자리를 차지했다. 그 무렵 기업이나 돈이 많은 사무실은 프리젠테이션에 거금을 들였는데, 그는 처음으로 공모전에 응모해 손으로 그린 청사진을 제출한 것으로 유명하다. 실력만 있으면 내용이 좋으면 인정받는다는 꿈이 있는 시대였다.

그러나 그렇다고 해도 르코르뷔지에가 '국제연맹회관 공모전'에서 사용한 잉크가 인쇄용 잉크로, 그래서 규정 위반으로 낙선되었다는 얘기가 전해오지만 공모전에는 싫건 좋건 모순이 따라다닌다.

'교토국제회관' 공모전에서 입선한 오오타니 사치오大谷幸夫**

---

* 하세가와 이츠코(長谷川逸子, 1941~). 간토학원대학 건축학과 졸업, 1984년 일본건축학회상 수상, 1986년 쇼난(湘南)문화센터 공모전 최우수상 수상

** 오오타니 사치오(大谷幸夫, 1924~2013). 도쿄대학 건축학과 졸업. 건축, 도시계획가

는 단게 켄조 사무실에서 나와 독립한 후 응모했다. 그리고 1등으로 이겨 일을 하게 되면서 유명해졌다. 덧붙이면 그때 심사위원 중 한 사람이 단게 켄조였다.

그런데 최근, 공모전이 없어졌다. 아니, 신인이 응모할 수 있는 공모전이 없어졌다. 무난한 것을 좋아하는 건축주들이 신인의 계획안을 찾지 않게 된 것이다. 모험과 새로운 시도를 피하게 된 것이다. 건축주들은 '경험'과 '실적'을 응모 조건으로 내밀기 시작했다. 그리고 견실하고 착실한 그러니 어떤 의미에서는 재미없고 매력이 모자라는 건축만 세워지게 되었다.

건축주도 좋아하고 건축주를 위한다고만 해서는 아무것도 되지 않는다.

더구나 이런 흐름을 타고 주택 설계와 소규모 건축에서 공모전이라는 이름을 이용해 건축가의 안을 모아 건축주의 기호로 선택해 결정한다, 그런 것이 유행하게 되었다. 있어서는 안 되는 일이지만.

공모전은 건축주의 기호로 결정하는 것이 아니다. 건축적 가치의 평가를 뛰어난 눈을 가진 건축가에게 심사를 부탁해 찾아내게 하는 것이다. 공모전이란 그런 것이다.

단순히 건축주의 기호로 결정하고 싶으면 계약을 맺고 돈을 내고 설계안을 받으면 된다. 설계안이 맘에 안 들면 한 번 더 그려오게 하면 된다. 그것을 '공모전'이라는 이름을 빌려 안을 몇 개나 보려고 하는 것은 잘못되어도 한참 잘못되었다. 건축계에 발을 들일 자격이 없다.

그러나 더 나쁜 것은 거기에 응모하는 건축가들이다. 이것은 영업행위라고 할 수 없다. 가짜 미끼에 달려드는 썩은 물고기다.

건축가의 긍지를 지니지 않은 건축가가 많아진 것을 개탄하지 않을 수 없다.

머리를 수그리지 않고 딴 첫 작품

나는 무슨 일이 있어도 "설계하게 해 주세요."하고 머리를 수그릴 수 없었다.

그러나 그것은 젊은 사람들에게는 전혀 신경 쓸 일이 아닌 듯하다. 후배로부터 "왕년의 좋았던 시절의 건축가네요."라고 놀림을 받곤 한다.

이전에 건축가는 선전을 해서는 안 된다고 했다. 간판도 삼가야 하는 것이라고 배웠다. 무라노 토고村野藤吾*가 건축가협회를 맡고 있던 시대다. 그것이 시노하라 카즈오篠原一男**가 백화점에서 주택 전시회(개인전)를 해서 화제가 되자 일거에 무너졌다. 그리고 나서 얼마 후 건축가의 좋은 시절이 끝났다.

---

* 무라노 토고(村野藤吾, 1891~1984). 와세다대학 건축학과 졸업. 오사카를 거점으로 활동. 건축비평계에서는 단게 켄조와 비교할 정도의 거장

** 시노하라 카즈오(篠原一男, 1925~2006). 도쿄공업대학 건축학과 졸업. 모교 교수로 재직하면서 주택을 중심으로 하는 전위적인 건축을 발표. 1970년대 이후 주택건축디자인에 큰 영향을 미침.

그러나 나는 그 무렵 일을 땄다.

내가 1회 졸업생으로 졸업한 고교에서 묘코妙高고원에 스키와 여름 휴양소로 사용할 120인 수용 합숙시설을 만든다는 정보가 들어왔다. 마침 다케나카공무점竹中工務店을 그만두고 대학의 안도安東연구실에 소속하고 있을 때였으므로, 설계는 내가 한다고 나섰다. 그때에도 '설계하게 해주세요'라고는 말하지 못하고, 이런 편지를 보냈다.

"저는 제1회 졸업생입니다. 이 건축은 졸업생이 설계를 해야 합니다. 더구나 1회 졸업생이 설계를 하는 것은 대단히 의의가 있는 일이라고 생각합니다."

건설 담당 선생님은 다행히도 내가 졸업한 뒤에 들어오신 분으로 나의 학창시절을 몰라서, 1회 졸업생이라는 것이 좋게 보였던 모양이다(나의 학창 시절을 알고 계신 담임선생님이었다면 이런 녀석에게… 하고 맡기지 않았을 것이다). 암튼 일단 얘기를 들어보고 싶으니와 달라는 대답이 있었기에 얼른 달려가 교장실에서 건설계획의 개요를 들었다. 그 자리에서 설계를 의뢰하려는 것은 아니었고, 역시 선생님답게 내 실력을 알아보려고(면접) 하고 있었던 모양이다.

묘코고원은 눈이 많이 내리기로 유명한 지역인데 도쿄에서 태어나 자란 나는 스키도 못 타니 60센티미터 이상 쌓인 눈을 모른다. 그러나 건축가가 경험한 것만 지어서 어떻게 하나! 라는 기세로, 태도를 바꾸고 맘을 가다듬었다. 그러나 눈을 모른다면 거절할 것 같아서 말은 하지 않고 먼저 현장을 보고 싶다고 하고,

한겨울이었지만 가보기로 했다.

야간열차를 타고 아침 일찍 묘코고원역에 다가설 무렵, 창문의 커튼을 열어보니, 눈 벽밖에는 보이지 않아서 침대에서 떨어질 뻔했던 기억이 있다. 현장은 전면 설원으로 부지도 뭐도 전혀 알 수가 없었다. 전신주가 위로 50센티미터 정도밖에 보이지 않았다. 함께 간 선생님도 잘 모르는 눈치여서, 얼른 가까운 호텔 로비로 들어가 커피를 마시고, 무슨 얘기를 나눌 것도 없어서 도쿄로 되돌아갔다.

도쿄에 돌아와서, 바로 설계에 들어가 큰 모형을 만들었다. 설계를 어필할 때 여러 가지 수단이 있다. 거기에서 건축가의 개성이 나온다. 투시도를 그리는 사람도 있다. 지금은 CAD로 실로 훌륭하게 매력적인 그림을 그리는 것이 주류인 모양이다. 아직 CAD가 드물 때, 엄청나게 잘 그리는 학생을 데리고 와서 공모전의 투시도를 그리게 해서 입선을 도맡아 스타가 된 건축가를 알고 있다. 멋진 투시도의 덕을 제법 본 시대가 있었다. '최고재最高裁'* 공모전의 1등안은 굉장한 파스텔화로 지금도 기억에 남는 '명화'다(그 공모전은 모두 손으로 그린 투시도로 경쟁했다). '교토국제회관' 공모전은 모두 모형 사진이었다. 경쟁하듯 모형에 힘을 쏟았다. 그외 평면도를 중시해 건축의 용도를 설득하는 사람도 있다. 건축은 형태가 아니다, 내용이다 라고 주장하면서 용도의 프로그램을 나타내는 표나 다이어그램으로 어필하는 건축가도 있다.

---

* 최고재(最高裁). 최고재판소(最高裁判所)의 줄인 말. 일본 사법부의 최고 기관

르코르뷔지에는 화가라서인지 간단한 스케치가 유명한데 건축계에서는 흉내를 내는 사람도 많지만 그닥 일반적이지는 않아서인지 그것으로 건물을 세우려고 한 사람은 없었지 않았나? 모형도 자주 만든 모양인데 그로서는 설계를 위한 프리젠테이션은 무엇이었던가? 단순히 모형이나 투시도의 기교로 어필해 일을 따려고는 하지 않았던 것은 아닐까? 다른 능력이 있었던 것은 아닐까?

나는 발사나무로 90센티미터 정도의 모형을 만들고 간단한 평면도를 첨부했다. 그로부터 시작한 설계 인생에서도 7할이 모형으로 일이 결정되었다. 모형에 흥미를 보여준 건축주는 대부분 좋은 건축주.

큰 모형을 껴안고 교장실에 들어가니, 교장과 건설 담당 선생님의 태도가 확 바뀌었다.

일을 따는 순간이다.

그후 설계는 순조롭게 진행되어, 암튼 완성했다.

눈이 많은 지역에서는 제대로 서있도록 하는 것에 급급해 '건축작품'의 영역에는 도달하지 못했지만, 혼자서 한 건축으로서는 처음이다. 첫 작품이다.

건축가에게 건축주

모처럼 얻었던 기회를 어떻게 이용할까. 건축주라는 수단에 따라 따온 일을 어떻게 살릴까는 건축가의 재능과 근성에 의해 결정된다. 근성이란 이런저런 방해나 장해를 아무 일도 없었다는 듯 이겨내는 근성을 말한다.

경우에 따라서는 건축주가 귀찮은 존재가 될 때조차 있다. 설계의 장해가 되는 일이다. 그러나 그 방해와 장해를 이겨내는 근성을 가진 건축가는 자기의 설계 이념과 미학을 실현할 수 있게 된다. 그것이 르코르뷔지에다.

빌라 사보아의 사보아 부부는 재삼 클레임을 넣어 요구를 했지만 르코르뷔지에는 전혀 들어주지 않았다. 완성하고서도 비가 새는 것에 시달려 소송 일보 직전까지 갔던 모양인데 그것조차 번거로워, 몇 년 살다가 내팽개치고 나가서 되돌아오지 않았다.

르코르뷔지에와 어깨를 나란히 하는 미스 반데어로에도 '방해'를 이겨내고 자기의 설계 이념과 미학을 실현했다. '판스워스 주택'이다. 판스워스 여사가 거절했는데도 억지로 진행한 주택이다. 그리고 참을 수 없었던 여사는 실제로 소송을 걸어 저지하지만 미스는 자기의 신념과 미학을 관철하고 재판에서도 이겼다고 한다.

'방해'를 물리치는 근성을 가지고 있는 건축가들이다. 이 두 주택은 현대건축의 아이콘이다.

실은 소송을 한 건축이라는 것을 많은 건축가들은 알고 있을 터인데, 매년 몇 만 명의 견학자가 끝없이 이어진다.

건축주란 클라이언트라든가 패트런이라는 말도 있지만 좋은 관계라는 뜻도 있다. 건축가와 건축주가 취미나 이념, 미학이 상승적으로 연마되어 건축가의 창조력을 불러일으킨다는 좋은 관계를 가리키는 것도 있지만 그런 관계는 정말이지 극히 적어서 구체적인 사례를 그닥 알지 못한다.

후지모리 테루노부 씨를 훌륭한 건축사연구자라고 생각하고 있었는데 지붕 전면에 민들레를 심은 자택을 만들어 작가로 등장해 건축계를 놀라게 했다. '근대 건축의 5원칙'의 '옥상정원'을 '옥상들판'으로 잘못 안 것일까. 그러나 자택이니 맘대로 하시든지… 생각하고 있었더니 건축주의 집 지붕에 이건 또 뭐야, 부추를 심어서 또 놀라게 했다. 이번에는 '옥상채원'인가? 어차피 한 계절도 못 버틸 불쾌한 농담이라고 생각하고 있었더니 말한 대로 금방 시들어버린 모양이다.

이런 '농담'을 하게 한 건축주는 누군가? '현대예술가'라고 한다. 아마도 둘이 의기투합 해서 이 '걸작'이 탄생한 것이 틀림없다. 매우 드문 사례다.

안도 타다오安藤忠雄* 씨의 경우는 전혀 반대로 일방적이었지 않은가?

'스미요시 주택住吉の長屋'이라는 초기의 유명한 주택이 있다. 2층에 있는 침실에서 밤중에 화장실에 가려면 바깥으로 나와 중정의 다리를 건너 1층 화장실로 가야한다. 앗! 하고 놀라게 하는 주택이다. 그런데 학회상를 비롯해 많은 상을 받았다. 틀림없이

---

* 안도 타다오(安藤忠雄, 1941~). 도쿄대학 특별영예교수. 1976년 스미요시 주택으로 일본건축학회상을 수상. 기하학적 형태와 배치로 독자적인 표현을 확립 세계적인 건축가로 평가. 프리커츠 상 수상

무라노 토고가 심사했을 때였다고 기억하는데 무라노 토고가 '주인에게 상을 드려야겠다.'고 했다던가…. 이런 집에 살아 준 주인 다시 말해서 건축주야말로 수상할 값어치가 있다고 하는 명언이었는데 이런 것들은 건축가와 건축주가 상승적으로 절차탁마 하거나 자극을 주고받아서 건축가의 창조력을 부추겨서 만들어진 것…은 아마도 아닐 것이다.

안도 씨의 강인한 '사상'과 박력 넘치는 성격이 건축주를 압도했다. 그리고 건축주가 안도 씨의 현대문명사회 비판의 말발에 넘어가 납득했던 것뿐이라고 생각한다. 그래도 그냥 납득한 것이 아니라 몇 년이나 거기에서 살 정도로 경애와 두려움의 마음을 틀림없이 지녔을 것이다(어디까지나 상상입니다). 자칫하면 건축가의 '방해'가 될 뻔 했지만 좋은 건축주였다.

안도 씨의 강연회는 재밌다는 평판으로, 일반 대중 팬이 많다. 나도 꼭 한 번 들으러 갔다. 유명한 화젯거리가 있다.

"집이 지어지고 이사를 하더니, 건축주가 이 집 추워 라고 한다. 그럼 옷 한 겹 더 입으세요 라고 했습니다. 그랬더니 그래도 추워 라고 합니다. 그러면 하나 더 입으세요 했습니다. 그래도 아직 춥다고 하길래, 그럼(예산이 없으니) 포기하시고 참으세요. 했습니다."

여기서 청중은 와 하며 웃으며 호응했지만, 나 혼자는 웃을 수 없었다. 그리고 생각했다. "이 캐릭터 가지고 싶네…."

건축가의 '작품'

내 이야기.

첫 작품인 묘코고원의 숙박시설 준공식에 지역의, 처음 왔던 그때 그 커피를 마셨던 호텔의 사장이 초대되어 있었다. 사장은 나의 건축이 몹시 맘에 들었던 모양이었던지 새로운 일을 부탁하는 것이다.

"이 주변 일대에 별장지를 개발하고 있는데 겨울에도 사용할 수 있는 모델 하우스를 설계해 주지 않겠나."

물론 기꺼이 수락했다.

사장은 앞서 구로카와 키쇼에게 설계를 부탁했는데 그가 가지고 온 계획안을 보고는, 자기 작품을 만드는 것이 목적으로 "가지고 놀았다"라는 생각이 들어 거절했다고 화를 내고 있었다.

당시 구로카와 키쇼는 기쿠타케 키요노리菊竹清訓와 함께 '메타볼리즘'이라는 건축 운동을 일으키고, 화제작을 연이어 발표하여 스타가 되어 있었다. "나도 작품을 만드는 데요."하는 말이 목구멍까지 차올라오는 것을 겨우 누르고 일을 수락했다.

"건축가는 건축주의 집보다는 자기 작품을 만들려고 하고 있다."

많은 건축주는 그렇게 말하고 건축가를 경계하고 비난하려고 한다. 건축주의 조건이나 기호보다 건축가는 자신의 이념이나 미학을 관철하려는 것을 우선적으로 생각하여 자기 '작품'을 하려고 한다는 것이다. 만약 그렇게 생각하거든 그리고 건축가의

'작품'이 싫으면 맡기지 않으면 된다. 말하는 대로 만들어 주는 건축사는 얼마든 있다.

그것보다 나는 건축주가 원하는 조건을 해결하는 방식이 건축주와 건축가가 서로 다른 것이 아닌가 하고 말하고 싶다. 건축주의 요구 조건이라는 것은 한두 쪽으로 모자랄 정도여서 그 조건을 해결해서 형태로 만드는 것이 건축가의 역할로, 해결하는 방법은 건축주와 다를 것이다. 그래서 건축주가 자기가 해결하는 것과 다르다고 건축가가 제맘대로 자기의 이념을 밀어 붙이려고 한다고 생각하는 것은 오해다.

설계는 건축가가 건축주와 다르게 해결하는 방식을 기대해 의뢰하는 것이다. 그러니 그 다름을 기대할 수 없다 또는 가치가 없다고 생각하면 그 건축가에게 의뢰하는 것은 쓸데없는 짓이다. 이것을 납득하지 못하면 서로를 위해 헤어져야 한다. 허나 세상에 있는 많은 건축사들은 건축주의 요구 조건을 스스로가 해결하려고 하지 않고 건축주가 제시하는 것을 그대로 만들려고 한다. 그 편이 대개의 건축주가 좋아하기 때문이다.

모델 하우스는 완성했다. 침실이 두 개 있고 철근콘크리트 기둥 네 개가 특징이므로 2인승 사륜마차를 쿠페라고 하듯이 '빌라 쿠페'라고 이름을 지었다. 특별히 "가지고 놀려는" 것은 아니지만….

회심의 역작이었다. 먼저 한겨울이라도 쉽게 들락거릴 수 있고 쾌적하게 사용할 수 있으며 설원에 서 있는 모습도 여름의 수림 속에 서 있는 모습도 힘이 넘친다. 《건축문화》를 비롯해 프랑스의 유명 잡지에도 게재되고, 스위스에서도 상을 받았다. 지역 신문《니가타일보新潟日報》와 텔레비전의 지방 소식에서도 방영해 줘서 말 그대로 '데뷔 작품'이 되었다.

이 모델 하우스 '빌라 쿠페'에서는 "설계를 하게 해 주세요 라고 하면 안 된다."라는 무거운 말과 마찬가지로 나의 건축가 마인드에 깊이 새겨질 말씀을 얻게 되었다.

대학에서 설계를 가르치는 요시자카 타카마사吉阪隆正 교수님이 묘코고원에 가신다는 얘기를 듣고는 절호의 기회라서 막 준공한 '빌라 쿠페'를 봐 주십사 부탁을 드렸다.

다행히 승낙하시고는 보고 오셨다. 구석구석 돌아보신 후 한 말씀 하셨다.

"콘크리트와 수목이 겹치는 곳이 문제더군."

"그렇습니다. 거기에서 비가 새서…."

"그런 문제가 아냐!"

강하게 차단했다.

이유를 물어보지도 못하게 하는 단정적인 한 마디였다.

아마도 두 개의 다른 물질이 충돌하는 조형론일 거라는 것은 알았다. 이 건축의 테마이기도 했다.

그러나 그때 "그런 문제가 아냐!"는 "비가 새는 것은 문제가 아니다(건축에는 보다 본질적인 것이 있다)"라고 마음 속 깊이 새겨 두었다. 뭐라고 해도 르코르뷔지에 제자의 무거운 말씀이다.

설계 도중에 왠지 건축주는 거의 아무 말도 하지 않았다. 건축 중간중간 보고는 했지만 요구나 주문 또는 클레임은 하나도 없었다. 콘크리트 기둥 네 개를 세우고 그것에 목조의 벽을 붙인 후 침실의 상자가 돌출하도록 하는 형태는 그리 예사 모습은 아니지만….

실제로 지역의 관청에 건축 신청을 했을 때 국립공원에 이런 형태는 허가할 수 없다고 해서 신축 허가가 반려되었다. 이리저리 시도를 해보았지만 지역 관청에서는 해결할 수 없어서 중앙정부가 있는 가스미가세키霞ヶ関 본청에 모형을 가지고 가서 담판을 지으려고 했다. 거기에 우연히 대학 선배가 국립공원과의 과장을 하고 있었다. 그래서 허가를 받은 '물건'이다. 그러나 건축주는 아무 말도 없었다.

구로카와 키쇼의 안을 "자기 작품을 만드는 것이 목적이다. 가지고 놀았다."하고 화를 냈던 건축주가 나의 '작품'에는 아무 말도 하지 않았던 것은 어찌된 일인가?

구로카와 키쇼의 안은 못보았는데, 어떤 안이었을까? 신경이 쓰이는데….

애초에 건축주는 구로카와 키쇼의 작품(안)을 알아보았을까? 가치도 모른 채 화를 내며 되돌려 보냈던 것은 아닐까?

다만 이것은 얘기할 수 있다.

건축주는 내게는 나의 이념과 미학을 관철하기 위한 좋은 '수단'이었지만 구로카와 키쇼로서는 어쩌면 걸작을 만들지도 모르는데 그것을 만들지 못하게 한 '방해물'이었던 것이다.

덧붙이면 나의 '빌라 쿠페'는 엄청 맘에 들어 했다.

건축은 만들어지고 나서도 여러 가지 문제가 발생한다.

예를 들어 누수 하나만 해도 골치 아픈 문제다.

건축가에게 설계를 의뢰하고 있는 대부분의 건축주들은 이렇게 말할 것이다.

"비가 샌다는 것은 있어서는 안 되는 일이다! 기본 중의 기본이다. 원칙이다! 비가 새는 집은 건축이 아니다!"

태반의, 많은 건축사들은 그것에 동의할 것이다. 당연히 그렇다고.

르코르뷔지에도 누수로 자주 불만을 샀던 모양인데 개의치 않았던 모양이다. 배를 띄워서 즐겼다고 할 정도이니….

현대 건축의 3대 거장의 또 다른 한 분. 프랭크 로이드 라이트는 누수 전화를 받으면 "우산을 쓰세요."하고 "테이블 위에 빗물이 떨어지는데…"라고 하면 "테이블을 다른 곳으로 옮기세요."라고 했다던가.

단게 켄조는 비가 새서 엄청 곤란해 하는 건축주에게 "나는 건물이 완공되고 준공 때의 사진을 가지고 있으면 그것으로 됐습니다. 그 다음에는 맘대로 하셔도 됩니다."라고 했다. (《건축 저널》 No. 863) 이게 보통 건축가라면 입이 찢어져도 할 수 없는 말이다.

다만 "나는 주택을 만들려고 건축가가 된 것은 아니다."라고도 말씀하시고 계신다(《건축가를 말한다》, 가지마출판회鹿島出版会). 건축주도 건축가를 잘 알아보고 건축을 시작할 것이라는 교훈일지도 모르겠다.

트러블은 비가 새는 것만은 아니다. 트러블을 좋아하는 건축주는 물론, 건축가조차 있을 리가 없다. 그러나 그것이 결과로서 일어나는 것을 어떻게 하면 좋을까….

건축이 완공되고 나서의 문제, 트러블을 생각하니, 건축주의 불만에 견뎌 이겨내는 근성을 지니고 있지 않으면 그 다음이 힘들어진다. 그리고 나서는 점차로 그저 그런 건축가가 된다.

그렇게 해서 건축주가 내미는 조건을 스스로 풀지 않고 건축주가 풀어준 대로 만들고, 즐겁게 해주는 많은 건축사 속에 들어간다.

그러니 지금이라면

"건축가에게 가장 중요한 능력은 무엇인가?"라고 물으면

"불만을 이겨내는 능력"

이라고 대답할 것이다. 다시 말해서

"'방해'를 떨쳐버리는 능력"이다.

르코르뷔지에처럼.

묘코고원에 지은 '빌라 쿠페',
요시다 노리코 그림

나가면서

건축은 성능이 제일 중요한가?

아닙니다.

오기소 사다아키小木曽定彰 교수님에게는 안됐지만 아니라고 생각합니다. (단지 주택은 그렇지 않습니다. 나중에 말씀 드리겠습니다.)

오기소 교수는 "미술관은 그림과 조각을 보기 쉽도록… 천하의 상식이고 논할 것조차 없다."고 하셨습니다. 아니라고 생각합니다.

나는 예전에, 어느 잡지의 미술관 특집에서 몇 군데 미술관을 방문해서 리포트를 썼습니다. 그 중 하나 조각가 히라쿠시 덴추平櫛田中*의 미술관이 있었습니다. 오카야마현의 오지인 이하라시井原市라는 곳. 거기는 히라쿠시 덴추가 태어난 고향인데 이하라시가 그것을 기념해서 '국립서양미술관'이 건립되고 10년 정도 후에 이 미술관을 만들었습니다. 아마도 설계는 지역의 건축사가 하셨을 겁니다.

거기를 방문했을 때, 관장님이 안내를 해 주셨습니다.

---

* 히라쿠시 덴추(平櫛田中, 1872~1979). 일본의 근대를 대표하는 조각가

빈 말이라도 잘 된 전시공간이라고는 할 수 없고 전체도 어둡고 인공조명으로 잘 보이지 않는 전시였는데 인형이 변색해서는 안 되므로 어둡게 했을 것이라고 생각하면서 관장님 뒤를 따라 돌았습니다.

관장님은 초로의 지역 분으로 무엇보다 히라쿠시 덴추를 이하라시의 자랑으로 여기고 있는 것이 전해져왔습니다. 그리고 본인도 히라쿠시 덴추의 인형을 그지없이 사랑하고 심취해 있다는 것을 느낄 수 있었습니다.

유리 상자에 코를 집어넣을 정도로 얼굴을 가져다 대고 들여다본다. 허리를 구부려 들여다 본다. 조명의 광선이 반사되어 보기 어려운 곳도 있고, 거울처럼 반사하는 데도 있습니다. 그러나 노관장은 정신 없이 히라쿠시 덴추의 인형을 들여다본다. 인형에게 혼을 빼앗긴 것을 아닐까 할 정도로 응시한다.

이 모습을 보고, "건축은 성능이 제일일까?… 아니야."라고 생각한 것을 떠올립니다.

나는 비교적 빨리 "건축은 성능이 제일인가?"의 대답을 얻었습니다.

성능이 좋은 편이 좋다는 것은 말할 것도 없습니다.

그러나 애석하게도 건축에서 성능보다 더 센 것이 있다고 생각합니다. 경우에 따라서는 건축보다 강한 것은 받아들이지 않으면 안 되는 것도 있고, 건축 자체가 짊어져야 할 때도 있다고 생각합니다. 그렇게 생각하지 않으면 애초 르코르뷔지에의 건축은 성립하지 않겠지요.

얘기는 벗어나지만 주택은 다르다고 썼습니다.

주택은 성능이 제일인가?

그렇습니다.

다만 99.99%의, 그러니까 보통의 건축주에게는 그렇습니다.

0.01%의 건축주에게는 그렇지 않습니다.

어느 잡지에서 예전, 〈전후 50년의 현대 주택의 걸작〉이라는 것을 건축가와 평론가에게 앙케이트를 해서 조사하고 있었습니다. 그 결과 '베스트 10' 가운데 일곱 집이 건축가 자신의 자택이었습니다.

스카이 하우스, 탑의 집, 단게 자택, 세이케 키요시 자택, 실버 허트, 하라 히로시 자택, 반주기反住器… 모두 자신이 사는 집입니다.

이것은 무엇을 의미하는 것일까?

건축주가 말하는 것을 안 들어도 되기 때문입니다.

대개는 건축주가 하는 말을 듣고 있어서는 걸작 주택이 만들어질 리가 없다.

그건 왜인가? 건축주가 '성능 제일'을 요구하기 때문입니다.

거꾸로 건축가의 자택에는 보통 사람은 살 수 없겠지요.

'스카이 하우스'는 주저 없이 넘버원이라고 생각합니다. 그러나 기쿠타케 키요노리 선생님이 돌아가신 다음 필로티 아래를 담으로 두르고 자녀분 가족이 살고 계셨습니다. 필로티를 막아버리면 스카이 하우스는 끝납니다. 본체의 그 공간에는 친족도 살 수 없을 정도로 '살 수 없는 집'이겠지요….

'탑의 집'은 거칠고 더러운 콘크리트로 계단실 같은 집입니다. 계단과 '계단참'밖에 없습니다. 그 '계단참'이 침실로 방 문이 없습니다. 보통 사람이 살 수 있겠습니까?

'단게 자택'(정식으로는 '주거'라고 한다)은 어디선가 읽었던 기억이 있는데 단게 선생님은 수면용 안대를 끼고 주무신다고 합니다. 가츠라 이궁과 같은 집으로 종이문과 유리문과 큰 계단 손잡이로 둘러싸인, 비올 때 닫는 문도 셔터도 없는 주택이었습니다. 보통 사람이 살 수 있겠습니까.

'세이케 키요시 자택'은 더 강렬합니다. 워낙은 양친을 위해 지은 집인데 완성하고 나니 양친이 이런 집에 사는 것은 싫어 라고 하셨습니다. 그래서 선생님 가족이 사셨습니다. 어쨌거나 화장실에 문이 없는 것으로 유명합니다. 아이들 방도 없습니다. 장녀는 사다리 같은 계단을 내려와 지하의 창고를 공부방으로 쓰고 계셨습니다. 장남은 방이 없습니다. 그래도 게이오기주쿠慶應義塾대학의 숙장塾長*이 되셨습니다. 세상 사람들은 단독주택의 마이홈을 선망해 가구가 있는 침실과 아이들이 방을 가지는 것이 당연시했던 시대입니다.

집이란 뭐란 말인가 라는 강렬한 질문입니다.

그딴 것을 말해도 여러분은 살고 싶지 않겠지요?

쓸려고 들면 한도 끝도 없지만, 나는 정말 주택을 좋아합니

---

* 게이오기주쿠대학의 최고 책임자를 숙장이라고 한다. 재단이사장으로서 대학 총장을 겸한다.

다. 좋아한다기보다 마음을 빼앗겨 얼마나 많은 충격과 자극을 받았던가… 그리고 배웠던가….

그러나 99.99%의 사람들로서는 주택으로서 '성능'의 'ㅅ'자도 없겠지요.

덧붙이면 '베스트 10'의 자택 말고 남은 세 집은 건축주가 만 명에 하나, 아니 십만 명에 한 사람 있을까 말까하는 매우 드문 건축주입니다. 그 매우 드문 건축주를 만나는 것도 건축가의 재능입니다.

그러나 르코르뷔지에는 '보통의 건축주'를 제맘대로 억지로 '매우 드문 건축주'로 해 버린 것은 아닐까….

조금 맘에 걸리는 것입니다만 '어머니의 집'의 장에서도 썼습니다만, 일본의 건축가들은 자택에서 본심이라고 할까 자기가 믿는 집을 지었습니다. 그러나 르코르뷔지에가 '어머니의 집'(자택과 같은 가족의 집)이나 아내와의 마지막 거처가 된 '카프 마르탱의 오두막'에서 본심의 집을 지었다고 했다면 "으응?"입니다.

근데… "어떻게 하든 뭐가 있더라도 결과가 제일 중요한가?"

이 물음을 끄집어낸다는 것은 어지간히 무신경하거나 아니면 금단의 혈자리에 손을 찔러 넣는 멍청한 짓이거나.

만약 이 대답에 노라고 하면 세계의 역사를 지워야 합니다.

특히 건축에서는 르코르뷔지에를 지워야 합니다.

자기가 설계를 해 놓고서는 건축주가 "살 수 없다"고 내던진 집을 국가에서 복원하도록 하고 국가의 '문화재'로 지정해 버린다.

"어떻게 하든 뭐가 있더라도 결과가 제일이다."의 견본일테지요.

선배가 작년 책을 내면서 '후기'에 이렇게 쓰셨습니다.

> 모더니즘 건축의 재고를 어떤 모습으로 다룰까, 거의 다 썼을 무렵 흥미를 끄는 앙케이트를 발견했다. 그것은 캘리포니아 대학의 건축과 교수가 모은 것으로 '건축을 배우는 학생이 반드시 봐두어야 하는 건축은 무엇인가?'라는 질문이었다. 1위가 미스의 '바르셀로나 파밀리온'으로 1표 차이로 '빌라 사보아가 들어 있었다.

덧붙이면 미스는 '판스워스 주택'에서 건축주 판스워스 여사가 소송을 건 건축가입니다. 그리고 '바르셀로나 파빌리온'은 주택이라거나 미술관이라는 용도나 기능을 가지지 않은 건축으로 따라서 사는 사람도 사용하는 사람도 없는 건축공간입니다. 내가 말하는 '건축에 건축주는 방해물'의 증거물건과 같은 건축입니다.

그리고 선배는 본문에서 '빌라 사보아'를 고매한 식견으로 논술하고 높게 평가하고 계십니다.

나도 모르게 "여기 보세요… 빌라 사보아는 르코르뷔지에가 집주인 말을 듣지도 않아서, 집주인이 내팽개친 주택입니다." 라고 하고 싶었지만, 그걸 말해버리면 안 되니, 이 책의 마지막에

써 둡니다.

뒷맛이 개운하지 않은 마무리 방식이지만, 거장의 걸작 따위 유래와 과정을 알고 나면 뒷맛이 좋을 리가 없겠지요.

마지막으로 이 책의 기획 구성에다 고마운 조언, 제안을 주신 자유기획 출판대표의 사토 시게코佐藤滋子 씨, 편집 담당 나가이 오사무長井治 씨, 장정의 시미즈 리에清水理恵 씨에게 진심으로 감사드립니다.

요시다 켄스케

요시다 켄스케(吉田研介)

1938년　도쿄도 출생

1962년　와세다(早稲田)대학 제1이공학부 건축학과 졸업
　　　　다케나카공무점(竹中工務店) 설계부 입사, 2년 후 사직

1964년　와세다대학 대학원 석사과정 입학, 안도 카츠오(安東勝男), 호즈미 노부오(穂積信夫) 두 교수에게 사사

1965년　문화학원, 다마(多摩) 미술대학, 도카이(東海)대학, 와세다대학의 시간강사

1967년　도카이대학 건축학과 전임강사, 조교수, 교수를 거쳐 2004년 정년퇴직, 현재 명예교수

1968년　요시다 켄스케 건축설계실을 개설하고 현재에 이름. 아울러 치킨 하우스구락부 주제

이와나베 카오루(岩辺薫)

1961년　시즈오카 현 출생

1980년　도카이대학 제1고등학교 졸업. 마츠마에 시게요시(松前重義) 총장상 수상

1984년　도카이대학 건축학과 졸업. 졸업설계 지도 가와조에 토모토시(川添智利) 교수
　　　　이케다(池田)건설주식회사 입사

1987년　시즈오카현립 시즈오카공업고등학교 건축과로 전직(3년간 건축과장)

2008년　시즈오카현립 과학기술고등학교(2020년 3월까지 12년간 건축디자인과장)
　　　　초등학교 때부터 검도에 경주하여 현재 5단

Le Corbusier